缺爱

如何获取安全感，得到肯定和认同

［法］罗伯特·纳伯格（Robert Neuburger）著

赵丽莎 译

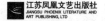
江苏凤凰文艺出版社
JIANGSU PHOENIX LITERATURE AND
ART PUBLISHING, LTD

世界上的一队小小的漂泊者呀，
请留下你们的足印在我的文字里。

——拉宾德拉纳特·泰戈尔

人不是一个自然状态，而是一段历史；

人不是一件物品，而是一出戏剧……

人生，是在成长过程中需要被选择和构思的东西，

而人，

便存在于这种选择与构思之中。

——何塞·奥特嘉·伊·加塞特

今天，
是余生的第一天。

我们还活着，
现在，重要的是让我们存在。

——乔治·松伯朗

大部分人在二三十岁上就死去了，
因为过了这个年龄，他们只是自己的影子，
此后的余生则是在模仿自己中度过，
日复一日，更机械、更装腔作势地，
重复他们在有生之年的所作所为、所思所想、所爱所恨。

——罗曼·罗兰

我不时念及世间万事的变化无常，
就像这湖面展现出来的影像，
但这种想法不但模糊淡薄，
而且倏忽即逝，
这些微弱的印象，
很快消逝在轻轻抚慰着我的湖面均匀的波浪中。

——卢梭

致给予我存在感的
斯维蒂、艾丽斯、弗雷德里克、
保罗－路易斯、埃塞尔

赋予人们生命并不足以让他们生存。

——勒内·拉福格（René Laforgue）

人不是一个自然状态，而是一段历史；人不是一件物品，而是一出戏剧……人生是在人的成长过程中需要被选择和构思的东西，人便存在于这种选择与构思之中。每个人都是他自己的作者，无论他是选择成为一名原创者还是剽窃者，都无法逃脱这个选择……他被判了自由之刑。

——何塞·奥尔特加·伊·加塞特

（José Ortega y Gasset）

目录
Contents

序
活着与存在

"我感觉得到心脏的跳动、肺部的呼吸、身体的活跃，但却感觉不到自己的存在。"一位遭遇过性侵的年轻姑娘说道。"我觉得自己是透明的。"另一位姑娘哀叹。"我不再有存在感。"一个男人突然决定离开他的妻子和孩子，这是他给出的理由。

十多年来，类似的话语不断从我耳边传来，它们出现的频率让我震惊。当这些男人和女人向我吐露心声，告诉我他们的存在感虽然没有被完全摧毁，但至少被狠狠打击了之时，我能感受到他们内心真正的绝望。

几经思考，我认清了生命与存在的区别。

我们被赋予生命，而生命需要养护。身体有其需求，我们需要吃饭、喝水，需要留意自己的身体状况。而存在则不然。我所说的存在感是要与生活方式保持一致的。这种感觉的强度十分多变。有时，我们完全存在于生活中、恋爱中、工作中，我们与自己和睦相处，与周边的人和睦相处，这时的我们会感觉幸福临近。有时，我们的存在感则弱了许多。如果这种状态持续下去，绝望感将会向我们袭来。这种绝望感，用医学研究人员惯常引用的气象学术语来说，便是"抑郁（低压）"①。

当生活顺风顺水时，我们几乎不会意识到存在感，除了某些个别的时刻，正如卢梭在《一个孤独漫步者的遐想》一书中所表达的："夜幕降临时分，我从小岛的高处走下来，悠然自得地坐到湖边沙岸一个隐蔽处；波涛声和水面的涟

---

① 译者注：法语中"dépression"有着抑郁和低压双重含义。

漪吸引了我所有的感官，驱走了我灵魂所有的纷乱，使我的心沉浸在甘美的遐想之中，黑夜就这样在不知不觉中垂降了。波澜起伏的湖水，一波又一波的涛声，不断震撼我的双耳和两眼，跟我的遐想在努力平息的澎湃心潮相互应答，使我无比欢欣地感到自我的存在，而无须费神去多加思索。我不时念及世间万事的变化无常，就像这湖面展现出来的影像，但这种想法不但模糊淡薄，而且倏忽即逝；这些微弱的印象很快消逝在轻轻抚慰着我的湖面均匀的波浪中。"

然而，如果有什么东西突然闯入，使得美好的一切出现一道缺口时，存在感便会压在我们心头，甚至离我们远去。

我们往往是在存在感缺乏时才意识到它。感知自我存在不是一种生理本能，而是一个建构的过程。

当然，生命与存在是紧密相连的。如果我们的存在感特别弱，那么面临威胁的是我们的身体，也就是生命。相反地，如果我们的身体被疾病困扰，那么存在感也会因此而受到影响。这一切与我们常有的对时间流逝的感知相关。一位病人在桌前放了一张便条，以便每天都能看到，便条上写着"今天是余生的第一天"。还有一位病人留存了一大堆安眠药，以提醒自己拥有"缩短"光阴的能力。在巴洛克时期，人类平均寿命只有 35 岁左右，那时的绘画中常常出现头盖骨，旨在提醒画的主人时间流逝之快。这就是我们所说的虚空画，即"记住你终有一死"。

既然我们都觉得生命短暂，为何不尽情欢愉、尽情享乐呢？原因有三。首先，任何欢愉都稍纵即逝，随之而来的是生理不易兴奋期①，也就意味着一段不满足时期。其次，欢愉的理由会渐渐被我们用尽。因此我们总是在寻求新的刺

① 心理学上我们称之为性欲消退期，这个说法第一次是由精神分析学家欧内斯特·琼斯（Ernest Jones）在 1927 年的一篇关于女性性欲早期发展的文章中使用的。

激感。最后，我们的存在感与为人之尊严、与我们对自己的看法、与别人对自己的看法紧密相连。为人之尊严包含我们对自我的尊重，以及他人对我们的尊重。这种尊重是上升到伦理道德层面的，通常以宗教伦理或一种信仰体系的形式传达给我们，而这种信仰体系是自我建构的产物。

存在与信仰相关，也与我们对存在的认知相关。存在是一个建构过程，一个永远持续的建构。西班牙作家乔治·松伯朗（Jorge Semprun）在《写作与生活》一书中，讲述了他在离开集中营后，是如何通过写作来找回存在感的。他写道："我们还活着，现在，重要的是让我们存在。"这话十分有理。

医生们所说的"抑郁症"，在我看来是这样的：人失去存在感或存在感减少，具体表现为感觉没有未来、没有规划、没有时间概念。

然而，这并不是一种疾病，而是一种症状，即一件事扰乱了我们的存在感建构，使我们开始怀疑自己是否有权在这世上存在。这种痛苦的状态让我们尝到被火灼烧般的感觉，并释放出一个信号，告诉我们："我的存在感被打击了！被什么打击的？如何被打击的？"这是遭遇一次重大打击的正常结果。因为这打击到的是我们自幼儿时期起就产生于心中的、让我们得以存在的、得以拥有尊严的、得以拥有活下去的权利与理由的存在感建构。

存在感与生命的意义是不相同的。维克多·弗兰克尔（Viktor Frankl）、欧文·亚隆（Irvin Yalom）[①]以及存在主义疗法的拥护者认为，人要找到生命的意义才能活下去。但我认为这是一个结果而非原因。当一个人拥有存在感时，生命的意义自然会显现。不是意义赋予存在感，而是感觉到存在这一事实让人觉得存在是有意义的。不过维克多·弗

---

① 参见欧文·亚隆（Irvin Yalom），《存在主义心理治疗》（*Thérapie existentielle*），巴黎，加拉德（Galaade）出版社，2008 年。

兰克尔提出的一个重要观点我是认同的，他认为，存在之虚无不是一种疾病。"面对存在之虚无，我们不能躲避，要记住这并非疾病，而是我们人性的证明。"[①]

不过，选择何种方式让自己存在这一问题与我们所处的环境相关。如果我们生活在一个轻松自由的环境中，我们的存在由我们建构。如果我们生活在一个等级森严的压抑环境中，我们的存在则是由上位者、有话语权者来建构的。一位妇女来到我的咨询室，她说她感觉自己不是抑郁，而是存在虚无。她问我诊断结果如何，我告诉她："您的病，解药是自由！"

本书首先会向各位读者介绍我们是如何建构存在感的，并说明哪些要素能够赋予我们存在感。这些要素主要包括

---

① 维克多·弗兰克尔（Viktor E. Frankl），《活出生命的意义》（*Man's Search for Meaning*），纽约，灯塔出版社（Beacon Press），1959 年，第 141 页；法文译本，《活出生命的意义》（*Découvrir un sens à sa vie*），蒙特利尔，人类山版社，2005 年。

我们与他人建立的相互关系，以及我们与所属群体的关系。

接下来，我会分别介绍存在感建构出现缺陷的情况和存在感遭受打击的情况。当存在感遭受打击时，我们的反应分为两种，一种是消极反应，内心感到绝望；另一种是尝试自主修复，有些杰出的艺术作品就是源于这种尝试。

最后，我将结合临床实践来介绍一种在病理学之外解读内心痛苦的疗法。读者将通过临床实践看出，人出现的症状越多，就越应该着重关注人的尊严。我认为人们除了需要化学药品帮助自己消除症状，更多的还需要去关注、重视自己拥有选择的自由。

是什么促使我们去寻找伴侣、组建家庭？为什么我们需要朋友？为什么我们想要加入一个社团？建立职场关系的意义又是什么？我们觉得与某些人建立了联系，而当他们排斥、抛弃或鄙视我们的时候，为什么我们会感到痛苦？我们归属于某些群体，当被这些群体所拒绝或排斥，他们对我们的不公平对待、侮辱，甚至是身体或心灵上的凌辱，为什么会让我们有轻生的念头或犯罪的冲动？

存在感不是与生俱来的。它是一个建构的过程，旨在帮助我们避开最本能的焦虑。正是从出生开始我们便被教导，给予我们的那些要素，才让我们之后得以存在。

出生与存在

从我们降生到人世间，甚至在母亲肚子里的时候，人性化的过程便开始了。推动这一过程的要素有两个。其中一个要素，很显然是婴儿与母亲的关系，或者是与一个担任母亲角色的人的关系。她与我们说话、注视我们、怀抱我们、喂养我们、抚摸我们、爱我们。这种亲密无间的关系是至关重要的。英国精神分析学家史毕兹（René Spitz）通过一个事例证明了这一点。二战期间，伦敦的一些婴儿出于安全因素的考虑被安排离开城市，被迫与母亲分离，而这些婴儿随后全部死去。

另一个推动孩子人性化过程的要素也非常重要，即群体接纳。首个群体是家族，孩子被家族接纳并认可。要知道，第一眼看孩子的目光是非常重要的。"她长得像她的姑姑。""他和他爸简直是一个模子里刻出来的。""他的鼻子像爷爷。"这些话并不是无足轻重的，它们可以理解为一个孩子被纳入群体的一个仪式。这也就意味着，孩子会在这个家族中占有一席之地，家族对孩子的存在负有责任。

另一个关键的仪式是给孩子取名字：家人给孩子取一个名字，有时还会取两个。现在父母通常会给孩子取一个心仪的名字，用作日常称呼，同时还会取一个小名，这个名字大多是父母或长辈对孩子的爱称。还有一个重要的仪式是到市政府办理新生儿登记手续，如此一来，孩子就拥有了市民身份和国籍。另外，还有一些带有宗教色彩的仪式也可以作为存在的补充证明。

所有这些仪式都是为了让我们从出生起就与一些群体联系起来，而这些群体会赋予我们一个身份。法国精神分析学家鲍里斯·西瑞尼克（Boris Cyrulnik）通过观察证实了这一阶段的重要性。鲍里斯发现，在罗马尼亚的几所孤儿院中，一些孩子虽然有固定的人照看，被给予关怀和温暖，但他们没有被群体接纳。人类化的过程中缺少这一环节，这些孩子在精神上也就无法健康成长。

因此，孩子之所以成为人、之所以得以存在，主要是因为孩子与他人建立的关系：与母亲的关系，与身边其他人的关系，以及与家族或社会群体建立的关系，等等。在父母的目光下，在社会的支持下，我们得以存在，或者更准确地说，我们学着存在。

如何定义关系和归属？

关系就像是一个交换：我在他人眼中存在，他人在我眼中存在。而当我在他人眼中不再存在，仿佛透明的一样时，痛苦便随之而至。关系是建立在两个人之间的一种情感纽带。

但对于存在而言，仅仅建立人与人之间的关系还不够，还需要这些关系建立在群体之上。

归属于一个群体意味着与一些人有共同的价值观、信仰、目的或利益，而正是这些实质的或精神上的共同点促成了群体的建立。这种群体归属的作用之一是让成员团结一致、忠于集体。

这是一个身份的世界。每个人的存在都建立在双重网络之上——人际关系网和群体网。一面是人与人之间的相互依赖，一面是个人对群体的投入。

存在感
A 人际关系
B 归属关系
人际关系连接的是两个个体。
归属关系意味着一个群体中的所有成员都归属于同一

个圈子。

　　这两种关系网既有所不同，又互为补充。有些人际关系是独立于归属圈子之外的，例如恋爱关系，而有些归属关系也可以存在于没有建立人际关系的个体之间，工会或行业协会便是如此。

　　但若想人际关系顺利发展，似乎就需要将这段关系同时置于归属群体之中，建立起归属关系，而其中最重要的群体便是家族。

　　同样的，一段稳固的令人有归属感的群体归属关系需要其中至少两名个体建立人际关系。总之，我们需要这两种关系（人际关系和归属关系）来感知自身的存在。

关于人际关系

关系是存在感的基本要素。我们失去一段有所投入的关系时感受到的痛苦便是佐证。

某种程度上，人际关系就像证券投资，如果我们不投入，不去爱，便不可能赢；如果投入了，倾注了感情，却有可能输。

从这种意义上来说，所有的关系都是一种异化，但却是一种必要的、必不可少的异化。

人际关系又可分为四类：哺乳关系、权威关系、兄弟关系或平均主义关系，以及恋爱关系。

哺乳关系

哺乳关系的建构是新生儿不仅仅作为活着的生物，同时是其作为人类存在迈出的第一步。这是一段来自与母亲或者与一名担任母亲角色的人的原生关系，在后者中，只有这名替代者是固定的，这段关系才有效。这种形影不离的亲密关系对婴儿至关重要，婴儿因母亲的"目光"而存在。不过，就像其他所有的关系一样，这种作用是相互的，母亲也同样需要婴儿才得以成为母亲。众所周知，有的母亲在某些情况下会产生被新生儿排斥的感觉，比如婴儿拒吃母乳。这种陌生感严重时，会导致母亲无法承认这个孩子是自己所生。

一个不被母亲认可的孩子会采取从厌食到自闭不等的退避行为。而不被孩子认可的母亲则可能患上产后抑郁。

这种原生关系以哺乳为象征，被人或多或少地进行了升华，并影响着人们日后终其一生追求的关系模式。这是一种不对等的依赖关系，而且这种依赖在一些成年人的行为中还能找到痕迹。

权威关系

我更喜欢将这种关系称为"权威关系"而不是"父子关系"。就像比起"母子关系"，我更倾向于称其为"哺乳关系"。因为，如今男人也可以履行喂养职责，女人亦可扮演权威角色，职能不再与性别挂钩。在需要的情况下，一个女人在家中可以充当父亲的角色，一个男人也可以散发母性光辉，并表现得十分出色。

在单亲家庭中，两种角色可能集中在一个人身上，可能是男人，也可能是女人。这种新的角色分配打破了过去那种角色与性别之间的必然联系，衍生出一些解决家庭问题的新办法。例如，单亲家庭如今早已不是少数，然而我们并没有从这类群体中发现特殊病理，甚至一战期间，在由寡妇所养育的孩子中也没有。

权威关系也可以被看成是一种不对等关系，身为家长的一方拥有权威，同时也需要履行教育职责，借此获得社会认可；身为子女的一方则需要学会尊重与服从。这份权威，或者说这份职责涉及多个方面：健康、卫生、学习、社会道德、责任感等。显然，这种构成过去社会基础的关系如今早已瓦解，现代社会不断调节子女与家长之间的关系，冲击着后者的权威。

兄弟关系

兄弟关系是孩子通过与其"兄弟"接触而习得的一种关系。这里的"兄弟"不仅指同一个家庭里的其他孩子，也可以是孩子成长过程中在托儿所、幼儿园，甚至小公园的沙箱里认识的同伴。关系建立之初往往不太顺利。因为，发现自己在母亲眼里并不是唯一的存在，对孩子而言是一个严峻的考验。这种考验滋生出一种情结，精神分析学家雅克·拉康（Jacques Lacan）称之为"兄弟情结"。关于这点，拉康深有体会。他有一个从事神职工作的弟弟，后者不仅在家庭中给他带来阴影，甚至还从他那里"抢"了很多来自"上帝的恩宠"。

虽然兄弟关系的模型来自孩子与一位兄弟（即家庭中的同类者）之间的关系，但这种关系也可以延伸到我们与其他个体之间，这些个体在我们眼里是类似"兄弟"般存在的"同类者"。

兄弟关系在本质上具有双重性。当然，将对方视作竞争者是很正常的一种反应。但是，这种敌对情况只有在第三者存在的情况下才会发生，而造成敌对的第三者首先便是母亲或其他任何一个意味着他们的爱需要被分享的角色。

兄弟关系的另一面体现在一种二人关系上，即与一个同类者，与一个同样的人建立关系的喜悦之情。这种关系的关键在于分享，我们的经历通过与他人一起分享而变得更加真实，分享的喜悦让我们感觉到存在。这里我说的即是友谊，友谊对每个人来说还意味着忠诚和信任。

友谊[①]是一种复杂的关系，因为忠诚和信任是两码事：首先要有信任，获得信任之后才可能产生忠诚。友谊也是一种对等关系，它意味着一方给予另一方信任以换取对方的忠诚。

在古罗马时期，忠诚与信任属于制度词汇：它们构成了法规制度的一部分，创造了社会关系，足见它们的重要性。

信任，是一种信用，掌握在权贵手中。权贵可以将它赐予平民以换取其忠诚："吾降汝以信任，汝还吾以忠诚。"被给予信任的平民从此便成为权贵的拥护者，必须在各种场合支持他，无论是战争冲突还是简单的选举。作为交换，权贵必须成为这些拥护者的保护人。有趣的是，一旦关系

① "友谊是爱和平等相互的尊重所联系起来的二人联盟"，康德（Kant），《道德形而上学原理》（*Doctrine élémentaire de l'éthique*）。

建立, 被保护者便拥有了一项针对贵族的权利: 在关键时刻,

他可以背叛或是缺席。同样的, 权贵也可以抛弃被保护人。

但背叛的一方会成为无信义之人, 即背弃了信义 (fides)

的人。

这段历史为我们的研究留下线索。在一段兄弟关系中,

任何一方都可能遭到对方背叛, 任何一方都有可能被对方

抛弃。正如所有关系一样, 兄弟关系也存在风险。

恋爱关系

这是感受最为强烈的一种关系。它是能够让我们失去

理智般地倾心于与所选之人之间的排他性的两人关系。随

着恋爱关系的深入, 它将凌驾于所有关系之上。

关于这类关系, 人们写了很多文章著作, 但对它依然

知之甚少。在恋爱关系中, 性的吸引不过是其中一部分,

另一部分在于我们的希望：希望存在于另一个人的视线中。我们在对方那里寻求的是他对我们的爱以及我们可以在他身上唤醒的欲望。几乎所有人都会爱上对方的爱。拉康曾说过："爱在本质上是希望被爱。"[1]加缪（Camus）也曾表达过相似观点："他如此频繁地让她感到她对于他而言是存在的，以至于让她真正地存在了。"[2]

我上面简单描述的四类关系是最基本的。它们在很大程度上决定了我们的行为方式，对这四类关系的倾向不同决定了我们行为的不同，甚至还会左右我们对于职业和工作方式的选择。

有人钟情于哺乳关系。一些看重哺乳关系的人在工作中

　　① 雅克·拉康（Jacques Lacan），《S11：精神分析的四个基本概念》（*Le Séminaire, livre XI : Les quatre concepts fondamentaux de la psychanalyse*），1964年，巴黎，瑟伊出版社，Points丛书，1990年。
　　② 阿尔贝·加缪（Albert Camus），《流放与王国》（*L'Exil et le Royaume*），巴黎，伽利玛出版社，1957年。

常常会处于依赖者的境地。另一些人则喜欢扮演喂养者的角
色，从而成为教师、厨师、咨询师等。

同样的，倾向于权威关系的人则喜欢在工作中处于从
属地位，或相反，喜欢"领导"职位。在各种行业中都是如此。

对于喜欢兄弟关系的人来说，关键词是友谊。他们基
本不会从事一项单枪匹马的工作。我们经常看到这类人与
合伙人搭档，在复杂而又充满矛盾的关系中工作，并且迟
早会感觉到被合伙人背叛。

而对于那些倾向于恋爱关系的人来说，他们的事业往
往与感情密切相关，这份感情不会轻易表露出来，可能是
针对某个人的，多数情况是一位上司，他们会忠诚而持久
地为这位上司工作。

无论如何，即便相比之下每个人都有自己更喜欢的关

系模式，但大家都试图管理自己的存在以维持四种关系模式，以免失去其中一两种关系而使自己处于不利境地。

但对人类而言，有一种现象是独有的，即关系的类型并不完全取决于建立关系的对象：有的人可能跟一位兄弟建立恋爱关系，或是与其父亲建立哺乳关系，甚至还可以将所有的关系都倾注到一个人身上。

夫妻伴侣之间可能建立多种类型的关系：有时可能是恋爱关系，日常生活中则可能体现为兄弟关系，而另外一些时候，还可能是哺乳关系或是权威关系。当其中一种关系优于其他关系时，则可能引发夫妻矛盾。

关于归属关系

下面我将就归属关系以及这类关系在存在感维持中的

作用展开介绍。

长久以来，归属关系的作用没能得到足够的重视，甚至还被消极看待。很多心理医生出于关系会对病人造成束缚的考虑，依然坚信他们的病人若想摆脱困境，需要离开他们的家庭或配偶。但这无异于让一只乌龟弃掉甲壳！像这样失去保护壳的乌龟还有多大存活概率？

如果我们的存在感仅仅来自人际关系，我们将经常处于危险境地。人际关系需要被界定范围，需要被社会化。而这便是归属关系的功能。未被社会化的、独立存在的人际关系是一条死胡同。

仅仅建立人际关系并不足以让我们感到存在，这些人际关系还必须建立在一些包含它们的归属圈子里。

归属于一个人类群体，不论何种形式，都意味着一种相互的关系：归属意味着向投身的群体里的其他成员做出一些承诺，从而为群体的运作甚至强大贡献力量。作为交换，群体里的其他成员对我们加入群体的认可，让我们产生一种基本归属感，进而滋生存在感。

归属关系并非都是等同的。爱米尔·杜尔凯姆（Émile Durkheim）曾用"社会"（société）一词来定义不同的归属关系群体。这个词汇的该层意思如今已经过时停用，在杜尔凯姆的时代，它指的是有组织的人类群体，比如我们可以说这是一个音乐"社会"（société），或是一个"社交圈"（cercle social）。这位社会学家将归属群体分为"有机社会"和"机械社会"："我们将无组织的或者说无定形的社会同另一种区别开来，前者涵盖从家族式游牧部落到城镇的范围，后者准确地说指国家，涵盖从城镇到现代大国的范围。

通过对这两种社会形态的分析，我们发现两种非常不同的社会团结形式，一种源于意识形态的相似性及观点和情感的一致性，另一种则相反，是社会分工的产物。在前者的作用下，意识不断混同融合，达成统一，可谓你中有我、我中有你，从而形成一个几乎只存在整体行动的紧密群体。在后者的作用下，分工专业化造成相互依赖，每个人都有其独立的活动领域，但又无法与他人分开。鉴于后面这种团结形式更能让我们联想到高等动物成员间的关系模式，我们将其称为有机团结，而将前者定义为机械团结。"①

所以说，杜尔凯姆将归属群体分为两种，一种群体的团结方式源自所有成员都拥有相同的信仰，另一种团结则来自社会分工的互补性。然而，他也怀疑是否存在绝对的"有机"群体或纯粹的"机械"群体，除了少数

---

① 爱米尔·杜尔凯姆（Émile Durkheim），《家庭社会学导论》（*Introduction à la sociologie de la famille*）（1888 年），第三章社会功能与机制（Textes. 3. Fonctions sociales et institutions），巴黎，子夜出版社，1975 年。

极端情况。"这些简单的术语，只能算差强人意，由于没有更好的选择，我们也便满足于此。尽管从严格意义上来说，这两种团结或许从未单独存在过，但我们却在原始社会中发现了近乎纯粹的机械团结。

在原始社会中，意识形态甚至社会组织形式相似到难以分辨的地步。社会中的个体完全被吸纳为群体的一部分，其最细微的活动细节都要受到群体传统和习俗的规范。相反，只有在现代的大型社会中，我们才能更好地观察到另一种更高级别的团结模式，这种模式源自社会分工，它在给各方创造独立空间的同时又加强了整体的统一。"

这些话依然具有现实性：我们在一些宗教组织中可以找到极端机械团结的群体，这些狂热的意识形态群体如今并非少数；而本质上基于分工互补性的有机群体也随处可见，例如在团结性急剧减弱的现代社会中。

在其他大多数的归属关系中，我们既可以看到机械团结的一面，即以思想、信仰和行动的一致性为基础的团结模式，也可以看到便利的有机团结的模式，这种模式的显著特点在于社会分工。尽管如此，同一群体中从一种模式到另一种模式的过渡并不十分明显。因此，一些志趣相同、情投意合的年轻夫妇可能在生完孩子需要分担更多家务时出现感情危机，因为这意味着他们的关系在从机械团结向有机团结过渡。

我将杜尔凯姆的研究成果进行补充，根据虚构层面的结构，即构成群体组织框架的共享信仰提出另一种分类方式，将归属关系与人际关系分为四类。这四类关系分别为家族归属关系、夫妻归属关系、兄弟归属关系和意识形态归属关系，每一种归属关系都为成员提供了截然不同的归属感支持。

家族归属关系

人类家族，正如拉康所说，绝对不是只以生物学标准为基础建立的，它首先是一个文化现象[1]。

所谓家族，其实是一个家族的观念。这个群体的特异性在于其功能，从根本上来说即传承的功能：在所有人类群体中，家族在文化传承中具有至关重要的作用。

如果说在传承精神传统、延续仪式和风俗、保存技艺和遗产方面，其他社会群体的作用与家族群体不相上下，那么在初始教育、抑制本能和母语学习上，家族则稳居上风。

家族借此主导了心理发展的基础过程，而这种情绪组织是情感的基础，因环境的局限会形成不同的类型。此外，

[1] 雅克·拉康，《家庭情结》(1938年)，收录在《其他作品》(*Autres écrits*) 一书中，巴黎，瑟伊出版社，2001年。

家族还起到传承行为和表象体系的作用，且后者已然超出意识的范围。

如此一来，家族在不同代际就建立起一种思想上的连续，而这种传承是精神层面的。虽然在诸如家族图腾和姓氏等将整个谱系统一起来的基础观念上，这种连续性表现出一定的人为性，但它同时也向后代传承了一些近乎本能的精神状态。

心理学家考恩为这种效应创造了一个术语，即社会性遗传。虽然这个术语含糊不清，并不十分贴切，但至少证明了心理学家在讲述所谓的精神遗传时不夸大生物学的重要性是有多困难。

通过这种传承，新生儿获得其第一个身份，这个身份来自他的父母、父母的父母抑或近亲，他们辨认出他，为他取名，也就是说认可了他。

融入一个家族对孩子日后的发展至关重要。他在家族中获得了生活最基本的安全保障以及存在的权利。并非所有孩子都能享受这一馈赠。家族归属关系赋予我们的存在感取决于我们所认为的可以被传承并且值得被传承的东西。换句话说，即家族的功能也在于延续可传承这一能力。我们的存在就像链条上的一环，将我们的祖先与后代连接起来。

对这种归属关系的需求将会以多种形式对所有人的一生产生影响。组建一个家庭是对传承表现出兴趣的最普遍的方式。这体现了一个人既想忠于祖先，又想创造后代、延续香火的意愿。如此，他便让自己存在于过去与未来之间。事业也可以提供类似的机会，例如开一家公司。有些人感觉不到家族的认可，这种家族归属关系对他们而言不是明摆着的事。因此，他们终其一生都在家庭、工作或政治环境中寻求认可和继承关系。

兄弟归属关系

兄弟关系这个概念并非起源于家族。如果我们重读那些古老传说或只是简单看看《旧约》给出的例子，是无法从中得出亲兄弟关系是一种积极的形象的。

词源学给出了更现实的阐述。在古希腊，大氏族的族人拥有同一个祖先，一个神话般的父亲。这个群体就像一个"教会"，其宗旨是在各成员之间创造一种兄弟情谊。为了定义同父母的兄妹，希腊人发明了另一个词，胞兄弟（adelphos），女孩则是胞姐妹（adelphè）。胞兄弟这个词的意思是同母的，即源自同一个子宫。生物学意义上的同胞兄弟姐妹的概念是母亲至上的，不同于大氏族中神话般的父亲。

拉丁语中，为了区别兄弟关系和兄弟情谊而创造了两个不同的词，"兄弟（非亲生）"（frater）和"亲生兄弟"

（frater germanus），西班牙语的"兄弟"（hermano）一词来源于后者。现代意大利语则区分了宗教意义上的姐妹，"修女"（suore）和"亲生姐妹"（sorelle）。

今天的法语混淆了这些概念：我们既可以是宗教兄弟、战争兄弟、政治兄弟，也可以是同胞兄弟。然而，如果说在具有相同观念的有组织的群体中，团结是基本准则，那么在同胞兄弟姐妹中却少有甚至罕见团结的情况。通常，兄弟之间最初是一种竞争关系，兄弟感情是后来才发展起来的。

在学校，孩子如果不想被边缘化，就最好与同学保持团结。通常情况下，学校是继家族之后，孩子的第二个从属群体。他在那里学习竞争、友好、分享和面对外部世界的团结。

这里我发现一个成长的关键因素。关于青少年成长历

程的传统观念有待商榷：孩子在家族中诞生，成长到一定
阶段后就必须自立，也就是说与家族保持一定的距离，而
家族也必须尊重这个距离。这种假设的提出来自下面的观
点，从儿童到青少年时期的过渡只是婴儿时期的一种过程
再现。孩子出生时，与母亲有着亲密无间的关系。然后，
他需要学着离开母亲。这个过程相对比较自然：父亲这个
称谓的突然出现，促成了最初的分离。于是，孩子便在生
活中前进一步，走出"婴儿（infans，拉丁语，不能说话的）"
状态。这个最初的分离阶段至关重要。

但是，当我们把在一个非常具体的情境下（婴儿与母
亲的关系）观察到的这种情况照搬到另一种情况、另一种
背景时（孩子长大了），就会产生问题。认为婴儿和母亲
之间的情况同样适用于青少年与家族，这样的想法与我们
观察到的实际情况相矛盾。我们发现青少年并没有抛弃家
族，而是在家族归属关系之上叠加了另一种归属，即与其
同辈群体之间的关系。他不再接受家族的那一套风俗文化，

转而吸收成长环境中的社会文化，与同伴在衣着打扮、阅读喜好、音乐品位等方面趋同。在孩子成长为青少年的正常过渡期中，并没有出现家长们所设想的独立化。相反，我们往往会发现孩子的依赖性增强了：除了对家族的依赖之外，他还对另外一种不同的文化产生了归属感，即同辈群体。

因此，我们似乎可以这样说，青少年的独立化开始于另一种归属关系的产生。他会发现自己站在两种文化、两种归属关系的交叉路口，每种文化都有自己独特的体系和要求。然而，这两种归属关系并没有相互融合，而是互相退避。从而，青少年有了两种身份：一个是在家族中的形象（他被赋予身份，备受期待），另外一个是在同辈群体、在朋友中间的形象。于是，他便有了两个版本的自我，具备了两种形象，这两种形象都可以帮助他开始认识自己，然而只有其中一种才会真正起到镜子的作用。

获得第二种归属关系十分重要，它与家族归属关系交替作用，标志着孩子开始走向独立之路。它的出现并不意味着与原始归属关系的决裂，而是提供了一种补充和多样化选择。社会化进程的第一步从这里开始了，其程度将逐步加深。慢慢地，青少年将投入到其他归属关系，创造、展示出自己不同的面貌。

获得兄弟归属关系的这个阶段同时也是一个重要的学习阶段，青少年在这里学到的不仅是竞争，还有团结、爱护同类以及尊重他人。我们会发现青少年们在运动场上挥洒汗水、参加集体活动，在不同的社团寻找乐趣，但很少孤单一人。

夫妻归属关系

如今，夫妻关系已经从家庭中分离出来。我们并不会因为一对夫妻组建家庭生养孩子后，就必须将这种关系持续下去，即便他们之间的感情已经平淡化和"去理想化"（这里请允许我使用这个能引发共鸣的新词）。因为夫妻关系如今是存在感的主要来源。因此，每个人都对这种归属关系寄予厚望。

那么，夫妻关系究竟为存在感带来了什么呢？一种不同于其他人际情感的爱。夫妻之间有两种爱，一种是彼此之间互相的爱，另一种则是两个人对其建立的关系的爱。对夫妻关系的爱，我更乐意称之为"两口之家"①。正是这种对两口之家的归属感，让我们产生了安全感和存在感，当我们感觉到被爱时也会产生存在感，这两种存在感互为补充。如今，夫妻关系已不再是追求物质保障的途径，人们更多地是为了寻找归属感才投身于冒险的恋爱旅程中

---

① 详见罗贝尔·诺布尔热（Robert Neuburger），又译罗伯特·纽伯格，《新型夫妻》（Nouveaux couples），巴黎，奥迪勒·雅克布出版社，口袋书，2000 年，以及《停止还是继续？总结你的夫妻关系》（On arrête? On continue? Faire son bilan de couple），第二版增订版，巴黎，百约（Payot）出版社，2004 年。

去。根据数据统计，一段恋爱关系在平均持续两到三年后，失败的可能性非常大。

夫妻双方是如何参与到存在感的建设中的？通过一种非常特别的、被低估甚至被忽视的方式，即通过加强我们的性别认同感，让我们得以作为一名男性或一名女性而存在。这种性别认同在存在感建设中的重要作用曾经被严重低估，或许是因为以前性别认同是一种再明显不过的社会事实。在过去，社会性别歧视严重，男人和女人因为性别差异，命运也迥然不同，在家庭、工作和其他场合分别扮演着不同的角色。这种情况早已不复存在，如今只有夫妻关系能够帮助我们巩固性别认同。这或许也解释了如今夫妻关系的脆弱性，每个人都期待两口之家能增强、支持、认可自己的确拥有一种性别身份，而这点是现代社会给予不了的。

意识形态归属关系

这些归属关系群体都是围绕一个强有力的意识形态建立起来的。这种信仰可以是宗教的、科学的、政治的、艺术的，等等。要想成为群体的一部分，就必须遵守一些信条教理，即一些不受质疑的信念准则。在这些群体成员之间往往会建立起一套独特的语言形式，有专门的术语，信徒们通过这些术语可以彼此辨认。加入这些群体通常需要一些有形的实质的承诺，成员往往通过捐钱、参加仪式或出席会议参与到群体生活中去。

自相矛盾的是，意识形态群体所带来的存在感需要成员放弃一部分自主性，放弃一部分自由思考的权利（因为那是多变而不稳定的）以期融入可靠的、令人安心的、持久存在的、有组织的大群体中。这种归属关系中既能发现最好的群体，也能看到最差的，如一些获得重大发现的科学组织，一些慈善机构，一些政治、宗教团体。

我们没有把工作环境的归属关系列入分类，并不是因为它无关紧要，而是由于人们在工作中可以体会到不同的归属关系：有人会觉得工作环境像一个大家庭，有人会跟同事建立兄弟关系，还有一些人会在工作中寻求意识形态的支持，譬如一个完美的利他主义者或是一名科学家。

我们像对待人际关系一样对待我们的归属关系。我们总是会加入前面描述的四种类型的群体中去，不仅仅是通过加入这些群体来增强认同感，更是体现了我们需要多种归属关系的需求。我们大多数人都会归属于多个兄弟关系类型的群体（朋友圈、职业圈），归属于一个到几个家庭类型的群体（现有家庭、原生家庭），归属于一个两口之家、几个意识形态群体、一个宗教、数个协会等。

这些群体除了为我们提供归属感和认同感之外，还是我们发展人际关系的温床，这里说的人际关系类型多样，可能是哺乳型、竞争型，抑或恋爱型，其所满足的需求也有所不同，包括沟通交流的需求，情感来源的需求。

显然，正如在选择人际关系类型时一样，人们在归属关系的选择上也有自己喜欢的模式。这四种类型的归属群体都有其拥护者，而不同的选择则会影响每个人的生活方式，例如工作模式。有的人喜欢将工作环境"家庭化"。从公司的角度来说，这叫"企业文化"，通过这种文化试图让员工相信公司就像一个大家庭，需要大家的尊重和团结，所有成员都是为了同一个目标而聚在一起，即让养育他们的这个大家庭更加繁荣。但倾向于将工作场所"家庭化"的员工往往很有可能失望。不得不提的是，如今的年轻一代早已识破他们与雇主之间联系的脆弱性，因而不太会去相信此类言论，比起所就职的公司的利益，他们更在意自己的利益。

那些更喜欢兄弟归属群体的人有可能投身工会活动，或是参加一些同辈组织，与他们的同侪保持联系。

而那些认为两口之家十分重要，夫妻关系是其身份认同主要来源的人，则不希望工作会影响到幸福的家庭生活，他们甚至会放弃一些晋升的机会，假如这种机会意味着更多的时间投入和更差的工作机动性的话。

最后，对于那些在意识形态群体中积极活跃的人来说，他们从事的工作显然要在思想上和内容上与其归属群体支持的准则相契合。我曾见过一个深陷托洛茨基主义的年轻女孩，在一家投资银行晋升到管理岗位后，存在感受到严重威胁。

每个人都在这样一台八键乐器上演奏着自己的存在：四个人际关系键，四个归属关系键。于是，我们就在做过的选择中谱写着人生的篇章，这些选择关乎与他人的关系，关乎参与的归属群体，关乎爱与承诺。

关系过度反而会削弱存在感

不论是人际关系还是归属关系，都把个人纳入群体之中，以生发和强化存在感。可以说，个人纳入群体的广度和深度，与其存在感的强度相一致。不过，如果个人纳入群体的程度超过一定界限，存在感不但得不到加强，反而会被削弱。

近现代学者中，对"群体"研究得最充分的，是法国学者古斯塔夫·勒庞（Gustave Le Bon，1841—1931，《乌合之众：大众心理研究》作者）。作为杰出的社会心理学家，他开创了"群体心理学"，并因其将群体视为"乌合之众"而被称为"群体社会的马基雅维利（意大利政治思想家、历史学家）"。

群体关系过度，会削弱个体

在勒庞看来，个人加入群体之后，专属于个人的一些
特性会被削弱甚至消失，被某些"群体特性"所取代：

无论组成群体的个体是什么人，无论他们的生活方式、
职业、性格或智力等是否相同，在他们组成一个群体时，
他们就会获得一种集体心理。他们的情感、思想和行为，
与他们作为单独个体时的情感、思想和行为截然不同。除
非组成一个群体，否则个体根本不可能拥有某些念头或情
感，因此也就不可能呈现出一种行动。

在心理学意义上，群体只是暂时的，当作为集体成分
的异质因素结合在一起时，一个新的生命开始诞生，像一
个有生命特征的细胞一样，它所呈现出来的特点与单个细
胞的特点完全不同。

......

在构成群体的人群中，没有什么因素的总和，也不可能得出什么平均值。实际的情形是，群体因为新的组合而具有新的特点，像碱和酸在化学反应后会形成新的物质一样。它的特性与之前形成它的那些物质完全不同。

群体中的个人已经不是独立的个人。①

群体提供的存在感是"表面化"的，亢奋、疯狂、歇斯底里，而这会压制、削弱个体的真实感受，侵蚀真正的存在感。也就是说，过于强化的关系会剥夺个人的真实生命体验，侵蚀真正的存在感。

———————————

① 译者注：勒庞《乌合之众》第一卷第一章群体的一般特征。

　　存在感绝不是一种完全内在化的情感，而是跟我们与
外部世界之间保持的联系息息相关，与我们对自主的需求
和对归属的需求相结合。事实上，没有人能够做到遗世独立。

　　人类所谓的自由不过是拥有选择各种依托的权利，即
编织与他人的关系网络以及融入一些可以为其提供归属感
的群体。自相矛盾的是，一个人的依附关系越多，他就越
自由！埃德加·莫兰（Edgar Morin）写道："一个生命体
的自主性越强，它对生态系统的依赖性就越强。

　　实际上，个人自主是以复杂性为前提的，而这种复杂
性则意味着与环境建立了大量的多种多样的关系，也就是
说自主性取决于相互关系，而正是这些相互关系所构建的

依托才为相对独立提供了条件。"①

人类存在的悖论在于欲望与需求的对立，一方面人们渴望存在、渴望独立自主、渴望思考、渴望决定自己的命运，另一方面又需要依靠他人，需要建立朋友关系、恋爱关系等各种不同关系，需要被群体认可、需要归属，人们不断寻求加入或建立一些关系和群体：家庭、夫妻、朋友圈、工作团队、运动、政治、宗教等。

社会生活是个人生活的前提

作为个体心理学的创始人，奥地利心理学家阿德勒明确提出"人类之间所有的关系都取决于社会需求，即人的个人生活在其社会生活之后"。

---

① 埃德加·莫兰（Edgar Morin），《迷失的范式：人性研究》（*Le Paradigme perdu : la nature humaine*），巴黎，瑟伊出版社，Points 丛书，1979 年，第 32 页。

人类文明史上的所有生活形态都建立在社会生活基础之上，能够完全摆脱人类生活，独立生存的个人从未出现过。由于动物世界广泛存在一项基本法规，因此要理解这点并不困难。这项法规便是，任何物种只要其个体保护自己的能力不足，就一定会过群居生活，借助集体增强自身力量。人类能拥有深受社会生活作用的心灵，以抵挡残酷的外部环境，恰好就是基于群居的本能。

许久之前，达尔文便留意到，柔弱的动物绝不会过独居生活。没有足够强壮的身体支撑自己过独居生活的人类，毋庸置疑也是柔弱的物种。人在自然中这样微不足道，以至于为了弥补身体柔弱这一不足，为了能在地球上继续生活，不得不手工制造各种工具。在原始丛林中，一个人什么先进的工具都没有，独自生活会有何种经历，可以想象一下。他在这时的生存能力必然在其他所有动物之下，其他动物的速度与力量、灵敏的听觉与视觉，以及食肉动物锋利的牙齿，他统统不具备，但这些却是在大自然中存活不可或缺的条件。所以为确保自身生存，人要用到大批装备。全面、强大的保障，对其身体、人格、生活方式来说，都必不可少。

唯有在非常优越的环境中，人类才能生存，至于原因，大家应该都清楚了。刚好是人类的社会生活能为人类的生存提供优越的环境。要将个人变成集体的组成部分，要让人类不断繁衍生息，必须要有劳动分工与合作，因此可判定人类绝不能缺少社会生活。[1]

有了社会感，才有存在感

跟社会生活相适应，是心灵最关键的任务，不管站在个人还是组织的立场上看，都是如此。究其本质，人们一

---

[1] 参见阿尔弗雷德·阿德勒（Alfred Adler，1870—1937）《理解人性》第一部分第二章第二节社会生活必不可少。

般谈到的公正、正直和人们眼中价值最高的人类性格，都
属于人类社会需要的品性。

社会生活的各种要求，相当于人类心灵的塑造者和所
有心灵活动的指导者。责任感、忠诚、坦诚、喜爱真理之
类的美德，只因都跟普遍适用于社会生活的原则相符，才
得以产生并延续至今。

这说明必须要站在社会立场上，才能为一种性格的优
劣做出判断，因为个人性格要被人留意到，一定要先证明
其具备普遍意义，在这一点上，其跟一切科学、政治、艺
术成就没有区别。这就相当于以个人的社会价值大小作为
标准评价此人。

我们往往会用理想化形象作为标准，为具体的个人做
出评价——无论这个评价来自他人、社会，还是自己。这
种理想化形象要能借助对整个社会都有帮助的方法，解决

个人的种种难题，还要能将个人社会感提升到某种高度。福特·缪勒以"根据社会规则掌控人生的人"来形容这种人。

我们会在随后的探讨中，不断加深对以下真理的认知：要让自己符合标准，必须要在自己跟其余人之间努力建立合作关系，且必须努力掌握人类社会成员应掌握的技巧。这方面做得越出色，来自他人的肯定以及内心里的自我肯定就越强。换言之，"为社会"的存在感越强，"为自己"的存在感也就越强。①

事实上，个人社会感的产生，从儿童时期即已开始。儿童从懂事起，社会感就开始扎根，它将终生伴随孩子左右，日益稳固。除非孩子的精神机能退化严重，否则社会感便不会消失。

社会感或许会在某些状况下发生改变，或被扭曲，或

---

① 参见阿德勒《理解人性》第一部分第二章第四节社会感。

被约束，或被扩张，或被加宽，拓展到所有家庭成员乃至
偌大的家族上下、整个国家、整个人类，乃至包括动植物、
无生命体在内的更大范围，甚至是全宇宙。简而言之，社
会属性是人类与生俱来的，这便是我们通过研究得出的重
要结论。在理解人类行为时，明确这点对我们很有好处。①

"依赖"与"尊严"的关系

人类的自主性欲望已经被精神分析学理论化，但是后
者倾向于忽略人的依赖需求，相关内容本就十分有限，结
果还经常带有负面色彩。精神分析学家在依赖性上只看到
了人拒绝面对自己的事实，然而其实还可以将它看作一种
迫切的需要。

每个人都在不断寻求归属关系和人际关系，寻求外部

---

① 参见阿德勒《理解人性》第一部分第三章第三节人类的社会属性。

世界可以或者愿意提供给我们的，以期建立存在感。这种自我与外界之间的关系可以用尊严来定义：寻求个人自尊，即与自己和谐相处；寻求归属性尊严，这是周围的世界所赋予我们的。尊严是指人内心深处的一方土地，只有被外界所认可和接受时才会存在。而一个人被外部世界接受的前提在于他从行为上体现出对外界准则的尊重。二者之间的界限是脆弱的、可能出现问题的，这个界限体现在个人自尊与归属性尊严之间的关系上，体现在内心与外部准则的关系上。实际上，人类的尊严并不仅仅表现于认清自己作为欲望之灵这一真相的能力上，就像布莱兹·帕斯卡尔（Blaise Pascal）所说的可耻行为中，即本质上由人类自己赋予自己的尊严，同时也存在于归属关系中，这是由认可他作为其中一员的群体所赋予的，这要求他具备放弃一些个人观点和信仰的能力。

尊严其实是一个关键概念，值得进一步探讨。在我看来，这个术语难以理解的原因在于现实中存在两种尊严，这两种尊严的概念尽管互为补充，却也偶有冲突。它的两个释义都表明，"尊严"定义的并非一个事实或一个行动，而是一种关系。根据我们所处立场的不同，会有两种不同的含义。

如果置身于一个人的外部环境，例如作为社会的一员或某个社团成员，这个人若想得到尊重和尊严，那么他的行为必须遵循所在群体的道德规范，这个群体可以是夫妻、家庭，也可以是更广义的群体，例如整个人类社会。反过来，如果站在个人的角度，那么他对自己的行为是否值得尊重，对他所在群体的价值取向可以有自己的判断。

归属性尊严

归属关系中的尊严是我们被赋予的一种可以归属某一特殊群体的权利。譬如，对西塞罗（Cicéron）[①]而言，这是

---

① 译者注：西塞罗，全名马库斯·图留斯·西塞罗，前106—前43，古罗马著名政治家、演说家、雄辩家、法学家和哲学家。

一种允许他享有公民尊严的权利。公民是拥有城市权利的人。这种尊严意味着被整个社会所认可。这绝不是徒陈空文：在你被认可成为群体一员的同时，也意味着你对群体要承担团结的义务，而这种义务有时甚至需要付出生命的代价。因此，战争时期，有一部分人会被要求为群体献出生命。同时，你也要遵守一定的行为规范，违背这些规范就可能被社会放逐。在古罗马，社会要求所有公民都必须强硬和主动，这种态度甚至表现在婚姻关系上。一名女性罗马公民不得与非罗马公民，更不能与奴隶通婚，否则必将面临凌辱，甚至失去公民身份。

我们每个人都拥有多重不同的归属关系，归属于一个国家、一段夫妻关系、一个家庭、一个职业、一些运动俱乐部或其他方面的俱乐部、一些行业协会、一些宗教组织，等等。每一种归属关系，都对应着相应的尊严。

每个群体对成员的准入条件都有特定的评判准则，但每个群体又都会在某些时刻残忍地甚至不公正地将人拒之门外。

个体的自尊

与上述归属性尊严相对立的是个体的自尊，后者与个人自身的地位相关。这是人与自己之间的关系，显示其拥有精神或道德尊严的能力，这种能力体现在生活中做出的各种选择上，生活方式的选择、归属关系的选择以及人际关系的选择。这里谈论的是个人在支配其存在时所享有的自由度。

这两种尊严的概念互为补充：如果一个群体接纳我并赋予我尊严，是因为在我身上看到了或期待着某些才能、品质，而我的自由在于我对这个群体的评判。如果我认为它运行不善，其准则与我的相背离，我便可以要么对其采取行动，例如参加政治活动或进行婚姻咨询、家庭咨询，要么在可行的时候选择离开。

哲学家、法兰西公学院（Collège de France）教授雅克·布弗莱斯（Jacques Bouveresse）就是因为不认同政府的政策，认为与自己的准则相悖，拒绝接受法国荣誉军团勋章的荣誉表彰。在回绝信中，他写道："在这种情况下，恕我直言，我绝不能接受授予我的这枚勋章，当然我更不能接受您所在的这届政府，其政见与我的观点背道而驰，且它所采取的有关国民教育和公共服务方面的政策是我尤为不能接受的。"

然而，如果群体不认可我，认为我没能履行职责，背叛了其准则，那么它或者可以尝试逼我"就范"，或者将我除名、辞退我、驱逐我、将我开除教籍。尽管如此，除少数极端情况（种族大屠杀）外，仍有一种归属关系是我们无法拒绝的，即人类这个大群体。这份尊严与生俱来，死而不灭。因此，生命与死亡都被社会所保护，所有人都是人类的一分子，这个身份值得被尊重。因而，破坏墓地与杀害婴儿的行为都应该受到谴责。

还有一个例子也可以表明这种区别，主人公是一位叫贝尔纳·拉巴兹（Bernard Rappaz）的瑞士人。近几年来，他的事迹引发诸多议论。

事情是这样的：这个人触犯了多条法律，其中一项是种植印度大麻（出售总量达 5 吨）。他还犯有其他罪行，尤其是诈骗。因为以上罪行，他被判处五年徒刑。他声称种植印度大麻理应是合法的，一些民选代表也执此观点，因此他拒绝接受判决。申诉被驳回后，他被送入监狱。于是，他决定绝食，以抗议判决的不公。

如此一来，他的行为给法庭与医生提出了一个伦理道德难题：眼睁睁看着他日渐消瘦直到无法逆转？怎么办？是对他进行强制性喂食，还是应该尊重他已经明确表示出来的意愿？如果不被赦免罪行就任其消亡？

此事在当时引发热议，媒体大肆报道，这里我简述一下瑞士两个州政府的不同观点，其中一个是瓦莱州，即贝尔纳·拉巴兹的故乡，另一个是他的监禁地日内瓦。瓦莱政府命令日内瓦医生对他进行强制喂食。日内瓦的医生们认为应当尊重贝尔纳·拉巴兹的意愿，因此拒绝执行。

这两个州的区别非常明了：日内瓦是一个信奉新教的城市，强调个人的责任，认为不论做出何种决定，都应该尊重每个人的尊严。瓦莱州信奉天主教，得出的结论恰恰相反：每个人都属于上帝，因此不能任意处置自己的身体，归属性尊严才是最重要的，因此，绝不能放任他自生自灭。

群体尊严与个体自尊的较量

在我看来，似乎所有的社会在各个时代都存在群体尊严与个体尊严的较量。每个时代都会提出一定数量的解决方案，在我看来，这些解决方案在于让这两个层面的尊严达成妥协。我们可以称之为"一系列的平衡"，但是这一系列的平衡又总会被打破，导致过于偏向这边或那边的不平衡。

实际上，如果过于倾向群体意义的尊严，社会运行的逻辑就有可能从推选值得尊重的人转变成淘汰没有资格的人。这种逻辑反转会导致一些暴力后果，例如消除被认为是非生产性的或有损群体形象的元素。这种情况在所有群体中都有可能发生，小到夫妻关系，大到整个社会。从社会层面看，人们曾深受优生学诱惑：这种意图纯化人种的思潮在 19 世纪至 20 世纪大行其道。著名精神病学家格雷戈里·贝特森（Gregory Bateson）的父亲威廉·贝特森（William Bateson）曾写道："为了鼓励一些合乎需求的特性能够持续存在，会采取一些措施消除那些被认为行为不当或有瑕疵的对象。"在人类最小单位的夫妻关系群体中，这种现象表现为行为不可取的一方、不管怎样都无法适应夫妻生活的男方或女方会受到公众的谴责！

以上是归属性尊严占主导地位时会产生的后果，但倘若意识形态过于注重个人自尊，如主张自由选择、自由意志的意识形态，也会产生一些不良影响，会导致一些对他人漠不关心甚至不人道的行为出现。为了进一步阐释这种情况，这里有两个例子，一个是政治界事件，另一个来自我的临床诊疗。

《随笔集》（*Essais*）的作者蒙田（Montaigne）曾担任过波尔多市市长。任职期间，他曾对弃婴的不幸遭遇感到愤慨。为什么？因为在当时的波尔多市，就像同时期的很多其他城市一样，存在一种允许母亲抛弃孩子的装置，这种装置被称为转门（tourniquet）。

被抛弃的孩子们被置于这个转门里，随后会有一些修女将他们带走，对修女而言，首要的任务是为他们洗礼。而令蒙田愤慨的是，受洗之后这些孩子就会被交付给一些奶妈，这些奶妈的报酬少得过分，因此大部分孩子都会因照顾不周相继死去。

然而对修女来说，只要孩子完成受洗，就大功告成了。这表明她们更看重这些孩子的个人自尊，注重他们个人直接通往天堂的权利。

蒙田却不这么认为，他考虑的是另一种尊严，他认为这些孩子属于社会大家庭。对他而言，这些孩子属于社会共同体（respublica，拉丁文），因此集体有责任保证他们生存下去。他发现，对个人自尊的过度倾斜损害了归属性尊严，而所有公民，不论年龄，都有权享有这种尊严。

接下来这个例子是一对夫妻前来为他们的儿子做咨询的故事。他们的儿子当时四十多岁，身体状况很不好，精神状态更糟糕，极度狂躁，而他这种状态竟然持续了好几年都没找医生诊治。

我当时十分震惊，他们却十分认真地用一种理所当然的语气对我说："但是在我们家，我们尊重每个人的个性。"

因此，正是出于对其儿子个人自尊的尊重，他们才不愿干预他的生活。

针对这两种尊严，每个人都会有自己不同的体验感受。有些人更看重归属性尊严，是社会准则、家庭伦理、夫妻道义的代言人。有些人则相反，更关心他们的个人自尊与思想自由，并且按照他们自己的准则行事。一些人是准则的搬运工，另一些人则是自己内心信念的维护者。对这两种尊严投入分配的不同构成了我们的独特之处。在一边投入少的必然在另一边投入得多：对规范准则和个人自由重要性的重视程度因人而异，体现了不同的存在方式。

要想将这种投入比例视觉化，我们可以想象一个10分的投入分配表。忠于内心与奉行准则之间的比例可以被称作"不透明比例"，它代表每个人对社会规范或多或少的渗透性。我们可以假定左边的数字表示对内心需求的投入：数字越大，表明对拥有自主支配权的意愿就越强。而右边剩下的数字则代表赞同群体准则的程度。有的人得出的结果是 5/5，或是 1/9，或相反的，8/2，因为每个人的不同经历促使他们选择对这两种需求不同的平衡方式，要么维护个人自由，要么重视与群体的归属关系。

在我看来，这是一种个人印记，因为每个人都倾向于在各种归属关系中重新分配对准则与自由的投入比例，这些归属关系可以是夫妻关系、家族、职场、朋友圈、运动俱乐部、宗教、政治……因而，这种分配比例将决定每个人对存在的敏感度。

显然，对更加重视群体性的人来说，他们对与自己所处环境相关的问题尤其敏感，与之相反，注重维护私生活的人则会更加留意自己的隐私是否被侵犯。

CHAPTER THREE

存在感的丧失　第三章

存在感，一旦获得，就会为我们提供一种基础的安全感，让我们感觉自己存在于某个空间和某一时刻。存在感与时间的联系是最根本的：如果说我存在，那么我存在于时间之中，我知道自己拥有过去，因此我可以想象未来、拥有梦想，因此我知道此时此刻我应该如何行动。

在相反的情况下，我感觉不到自己存在，我徘徊于时间之外，抑或深陷枯燥的重复中，又或者沉浸于对过去的追忆之中。我们发现造成这种状况的原因有两种：一方面在于我们存在的依托，即我们与他人的关系（投入感情的、对我们重要的关系）或我们对群体的归属感受到了质疑、打击或有缺失；另一方面则是我们遭受了更直接的打击，即对我们本人的攻击，摧毁了我们的自我建构，动摇了我们通过人际关系和归属关系建立起来的身份认同，侵犯了我们的个人尊严和隐私。

当我们的人际关系和归属关系出现问题时

值得一提的是，要想拥有存在感，首先得在出生时获得过爱，曾经被接纳过，尤其是被家族接纳过。然后，要学会将自己投身于一些人际关系和归属关系中去。

但是，给予我们存在感的事物也可能让我们痛不欲生：所有对人际关系或归属关系的情感付出都存在风险，因为这种付出随时可能付诸东流，抑或产生问题。因此我们体会到了什么是悲伤，什么是哀悼，什么是背叛，什么是争执，甚至还会因此怀疑整个人类！

比利时心理医生西格·赫希（Siegi Hirsch）在一篇题为"我们本应学会无泪的哭泣"的文章中表达了同样的观点。这是一篇关于他在纳粹集中营的经历的文章，在文中他指

出，要想在集中营中活下去，就绝不能建立情感关系："我
们在里面学到的另外一件事，就是绝对不要与人建立关系，
因为我们从不知道明天躺在自己身边的会是谁。我们睡在
三层床铺上，从来不确定同铺的人明天是否还会活着。

也就是说，建立一段关系和产生归属感是极度悲惨的，
因为产生感情就意味着要面对无法承受的痛苦。"

存在感是脆弱的，因为它建立在我们与他人关系的基
础之上，这种关系决定了我们是否被赋予存在感。正如汉
娜·阿伦特（Hannah Arendt）所写的："尊严是参与社会
而被赋予的生活的权利。"也就是说，一个社会可以拒绝
也可以否认这项权利。且这项让我们得到认可，有时也会
摧毁我们的权利，也同样掌握在那些我们爱的人的手里，
掌握在接纳我们的或是我们努力去组织的群体的手里。

我将出现问题的情况分为两类：一种情况在于一个人

在出生或童年时期没能得到本应获得的信任，也就是说没能被认可、被赋予身份和被爱。另一种情况则是生活中的一些突发事故使人对自己建构的存在感产生了质疑。

第一种情况涵盖了各种被生活疏离和遗弃的孩子：超生儿、不该被生下来的孩子、出生时机不对的孩子、绝望的母亲、母子分离的双方、孤儿等。我们发现这些人终其一生都在试图获得他们自知永远也得不到的那份认可。

乔治·西默农（Georges Simenon）就是一个例子。因为一些我们不知道的原因，乔治的母亲一直偏爱另外一个儿子，克里斯蒂昂（Christian）。克里斯蒂昂比乔治小三岁，并不出众。但母亲却总认为这个小儿子才是更帅气、更聪明、更有天赋的。至于乔治，她曾说："你为什么要来（出生）？"

乔治终其一生都想从母亲那里得到认可，却徒劳无获。甚至他弟弟去世后，情况都没有改善。要知道这位弟弟在第二次世界大战之后因为通敌被判死刑，还是多亏乔治他才得以脱身，加入法国军队，最后死在印度。母亲对小儿子的死一直难以释怀，甚至曾明确地对乔治说她宁愿死去的是乔治，她说："去世的人是克里斯蒂昂，这多么令人遗憾哪！"

后来，乔治·西默农成为作家并在国际上享有盛誉。他时常邀请母亲到其住宅，但母亲每次过来都会质问家里的用人有没有拿到工钱，问他们这所房子是不是真正属于他们的主人。在这些场合，他的母亲总不忘穿上最寒酸的衣服以显示对她儿子假装成功的鄙视。后来发生了一件事，导致二人彻底决裂。其实，在长达几年的时间里，乔治每个月都会给母亲寄一笔钱，然而他母亲却在某次到访时，一次性地将他寄来的所有的钱都还给了他，她一分钱都没有动过！

乔治后来满怀苦涩地对母亲说："全世界都欣赏我，除了你。"直到临死前，他母亲依然坚持这种态度，不肯给儿子那份对其而言至关重要的认可。

哲学家路易·阿尔都塞（Louis Althusser）似乎也处于同样的境地。他亲手扼死妻子之后，以悲惨的命运收尾。在回忆录中，他表达了一种由不存在的幻想所主导的真实存在的痛苦，或者说一种由于不被家族认可而失去存在权利的痛苦[①]。

就我的经验而言，（在出生或童年时）没能获得这种认可的痛苦将伴随这些缺爱的人一生，以至于他们很难放弃力图获得他们显然永远也得不到的东西的想法。想要放弃从未得到的东西尤其困难，甚至绝无可能。

事实上，童年时期爱的缺乏，还可能体现为爱得过度。虽然出发点是关爱，但因过度干涉和控制，已经违背了爱的本质。这两种情况交叉、混杂，并不容易分辨。

对于孩子来说，无论是爱的缺乏还是爱的过度，所营

---

① 路易·阿尔都塞（Louis Althusser），《来日方长》（*L' avenir dure longtemps, suivi de Les faits. Autobiographies*），巴黎，当代出版纪念研究所（Stock/IMEC），1992 年。

造的环境都是压抑甚至敌对的。有的家长根据自己的阅历,
不去试着与孩子沟通,就将自己的要求强加给孩子,以为
这就是爱;有的家长过分宠溺孩子,放任自流。这些坏的
外界刺激,为孩子的心理发育设置了重重阻碍,关键是,
这些因素往往不是单一的,而是多个共存。

其结果是孩子们缺少真正的爱,找不到"归属感"。
这使得孩子们产生缺乏安全感与莫名惊恐的心理反应。
德裔美国心理学家卡伦·霍妮(Karen Danielsen Horney,
1885—1952)称之为"基本焦虑"。一个人最基本的焦虑
是什么呢?是存在感的丧失。这是一种最根本也最具概括
性的焦虑。

准确针对具体个人的爱,才是真正的爱。如果缺乏这
种真正的爱,那么这个世界就变成了各种敌对势力,包括
那些以爱之名而进行的控制的集合体,对深陷其中的个人
来说,就必须时刻应对甚至抵抗而不是适应它,更不是从

中获取力量。长此以往，深陷其中的人就开始"脱离自我"。

霍妮对此做了精彩的论述："不仅他的真自我发展受阻，由于必须有计划地对付他人，导致他必须把自己的真实想法、意愿和感情，全部都要抹杀掉。当主要目的变成'安全'时，为了获得安全感，他觉得其他都不重要，包括思想感情。他的想法和感情实际上已经被压制得不能辨认。他的感情和意愿已经决定不了什么了，他从一个支配者沦为被支配者。总体来说，这种自我分割把他变得怯懦，增加了他的恐惧感，加剧了他的精神混乱。他是谁？身处何地？他自己也不清楚。"[1]

我是谁？身处何地？这是"存在感"的基本要素，这方面的迷惑，意味着存在感的丧失。

---

[1] 参见卡伦·霍妮《自我的挣扎——神经症与人的成长》第一章 执着于荣誉。

　　除了爱的丧失, 生活中还经常发生很多难以预料的事情,
这些不测风云也可能动摇我们的存在感。

　　失恋。帕斯卡尔·基尼亚尔 (Pascal Quignard) 写道:"没
什么比不再被爱更令人自降身份和卑躬屈膝的了。"[1]失恋
造成的痛楚往往会成为痛苦的根源。这里需要重申的是,
痛楚和痛苦是两码事:痛楚是一种症状, 某样东西、某个
事件或是某个人突然出现, 在我们精神上造成一个缺口。
但是, 痛楚并不总是导致痛苦。虽然痛苦通常是痛楚造成
的结果, 但痛楚也有可能停留在这个程度上并引发一些反
应将其抵消。因此, 在有些人身上, 痛楚最终会产生快感。
但是, 当我们身边亲近的人突然不爱我们的时候, 痛苦必
然袭来。就像一位女病人在失恋后说的那样:"我感觉自
己被人从证件上抹去了。"

　　离别。离别往往是失恋的结果。对于那些在关系中付出

---

　　① 帕斯卡尔·基尼亚尔 (Pascal Quignard),《秘密生活》(Vie
secrète), 巴黎, 伽利玛出版社, 1998 年, 第 100 页。

更多感情和信任的人来说，离别对他们的存在感打击更大。

丧葬。当我们爱的人、对我们很重要的人、其存在关乎我们自身存在感的人消失不见时，我们同样也会十分痛苦。而倘若去世的人不仅深受爱戴，而且在与我们密切相关的群体中占有重要地位时，这份痛苦将更加难以忍受。

我曾在一些失去顶梁柱的家庭中见过这类情况，他或她是让家人凝聚在一起的中心，他或她的存在为家庭赋予了意义。他们去世后，这个家往往就四分五裂，甚至会因为遗产继承问题产生纠纷，雪上加霜。

因此，在失去亲人的痛苦之上又多了一种无法挽回的失去感，即对家庭的归属感，而这种家庭归属感，正是我们身份和安全感的来源。

归属感问题。生活中还会遇到其他变故。在一个有所期许的从属群体中不被认可，可能会给那些遭到拒绝的人留下严重的创伤，甚至会持续性地损害他们的存在感。

例如。那些从来没有被配偶的家庭所接纳或在配偶家庭中从未被认可的男女，又或者那些被某个从属群体所拒绝，然而其能力又足以匹配该群体的人士。比如，我曾震惊地得知，克洛德·列维-斯特劳斯（Claude Lévi-Strauss）[①]曾经因为没有被法兰西公学院（Collège de France）聘请为教授而倍感痛苦，尽管他被拒绝不过是暂时的举动，但这份痛苦在几十年后仍未完全消解。同样的，在有所投入的归属关系中遭到排斥往往会造成长期抑郁。失去某个工作职位的结果也是如此，因为这不仅仅是失去收入来源的问题，同时也意味着失去了一项重要的身份认同，后者往往会造成更严重的创伤。倘若某人是被无故辞退的，那么他所受到的创伤将更大。这种情况如今十分常见，例如企业收购或是为了讨好股东而进行的裁员。

---

① 编者注：法国哲学家、人类学家、作家，结构主义人类学创始人。

强制移民、失去国籍以及各种社会排斥等都会导致归属感丧失且造成伤害。一些德国犹太裔民族主义者，甚至曾经的民族主义战士因为一些充满谎言的借口而被撤销了国籍的悲剧就是一个例子。

而在不同的归属关系中进行忠诚抉择则会让人左右为难，例如当夫妻一方被要求在原生家族和配偶之间做出抉择的时候。这种情况可能会导致一些人为了避免做出艰难的决定而产生躲避心理，进而患上精神疾病。

孤独与苦难。这二者也会导致一些与前面所述相似的痛苦，会让一些人觉得世界上不再有自己的位置，不被或不再被身处的社会所认可，丧失归属感。

人身攻击

每个人都可能面临一些境地，其人格、隐私、身份遭到嘲讽、攻击甚至摧毁，使他开始质疑自己存在的权利，甚至丧失存在的欲望。这类情况会以各种方式出现。

精神攻击。不公正的行为、讽刺、嘲笑甚至诽谤和鄙视，都会导致痛苦。维克多·弗兰克尔如此描述这种痛苦："一些不公正的、荒唐的残暴行为所造成的精神创伤要远远超过身体上的痛楚。"[1]这些打击有时会加之于受害者身上，以至于让他们产生自责心理，因为感到羞耻、内疚或是无力的愤怒，而造成精神上的绝望。

身体创伤。健康状况恶化，包括丧失某些身体机能。由于疾病或衰老而导致的生活无法自理有时也会造成存在感缺失。

弗洛伊德在 1939 年死于自杀。当时，他因为口腔癌已经在长达几年的时间里无法出席年会或是在会上发言。

---

[1] 维克多·弗兰克尔（Viktor E. Frankl），《活出生命的意义》（Man's Search for Meaning），纽约，灯塔出版社，1959 年，第 141 页。

当时他由于（口腔）癌变导致组织坏死而散发出难以忍受的恶臭，只能通过女儿安娜与外界联系。在他的朋友兼私人医生马克思·舒尔（Max Schur）看来，弗洛伊德自杀的决定与他的狗不无关系。这只玛丽·波拿巴公主（la princesse Marie Bonaparte）赠送的柯利犬（coolie），曾经一直与他寸步不离，即使在问诊的时候也伴随他左右，但是自从他病情严重之后，这只狗却再也不肯进入他的房间[①]。这段联系的切断夺走了他全部的求生欲望。

在绝对暴力的案件中，受害者不再被看作人类的一员，而是被简化为取乐的工具。由此，我得出下面几种存在感最受威胁的情况。

非人化。世界上只有两种方式可以将人们聚集起来，只存在这两种群体构成逻辑：选举逻辑或者说归属关系逻

---

① 马克思·舒尔（Max Schur），《弗洛伊德生命中的死亡》（*La Mort dans la vie de Freud*），巴黎，伽利玛出版社，Tel 丛书，1982 年。

辑，以及淘汰逻辑。二者的区别是什么？选举逻辑在于从
人类大群体的角度出发，决定某一个人是否值得被纳入我
们自己的小群体中去。

而淘汰逻辑则截然不同，因为它是从一个外部视角出
发，根据某一个共同的特征而将一部分有别于拥有淘汰权
的人从整体中孤立或重聚起来。例如，性别歧视就是在特
定群体中孤立"所有女人"或"所有男人"。又或者，"外
国人"这个词的言外之意就是：那些不属于我们群体的人。

同样的，因为有些人看起来抑郁沮丧就借此断定他们
的基因遗传有缺陷也是淘汰逻辑的一种表现。这意味着将
他们归类到一个由医生决定的诊疗类群，医生把他们跟有
着同样症状的人关联到一起，无所谓导致他们表现出抑郁
状态的个人经历，尽管其痛苦的来源可能各不相同。这种
将一些人归类并置的依据只是某个部分特征。

如果说选举逻辑给人以归属性尊严，淘汰逻辑则完全没有。从这个意义上来说，淘汰逻辑是非人化的，这种逻辑下的人或群体都被简化为某个特征，而不是他们本人或是一些人的集合。

因此，一些种族主义言论可能会因为一些人都表现出类似的特征而孤立这个群体或是孤立属于这个群体的某个个体。糟糕的是，这个逻辑非常易于实施，因为只需要说："所有具有如下特征的……"

生物学家弗兰西斯科·瓦里拉（Francisco Varela）曾说过："生命，就是拥有保护特殊性的能力。"然而，我们却看到上述逻辑是如何去差异化，将人分门别类，抹杀每个人的独特之处的。别人没有看到我的独特之处，他们没有把我当作我本人来看待，这种感觉会成为痛苦的来源。有一句十分简单而常见的话："这是你们女人（或男人）的想法。"这句话所表现出来的标签化和封闭性会让人听起来很不舒服。这表明淘汰逻辑在触及基本权利问题时会造成的后果，这种基本权利在于对我们差异性的尊重，也可以称之为身份认同或个人隐私，这是被《世界人权宣言》所认可的，其第一条就写道："人人生而自由，在尊严和权利上一律平等。"

上面所说的这些困难都让我们产生一种"这本不该如此"①的想法，进而导致痛苦。这是一种基于我们对自我形象认识的无法接受。遭受不公命运的事实让我们的生活无以为继。

换句话说，生活中发生的一些事与我们对自己尊严的认识相冲突。我们发现我们存在感的建构与尊严的概念紧密相关。生活环境的变迁可能会损害甚至摧毁这种信仰。我们有权享有个人尊严的想法与人际关系、社会环境及归

---

① 原文是德语"Das dürfte nicht sein"，摘自汉娜·阿伦特（Hannah Arendt）的一次访谈，这段关于犹太人大屠杀的访谈在柏林犹太博物馆循环播放。

属群体所赋予、准许和认可的尊严有着千丝万缕的联系。如果一些事故动摇甚至摧毁了这种信仰，那么存在感也将严重受损。要知道这可能导致自杀的念头："当我们不再有做人的权利时，剩下的便只有死亡。"①

玛丽·乔治·西默农（Marie Georges Simenon）是乔治·西默农的女儿，她的事迹我们在本书后面还将详细说明，她在一封给其父亲的信中曾提及自杀的想法："我失去了尊严，这是存在唯一的意义。"按照她这种对自身痛苦的表述，所有前文提到的情况都可以理解为对人尊严的攻击。这些对尊严的打击导致了我们内心世界与外部世界联系的崩塌，触及对我们而言最私密的信仰，即坚信我们与我们的配偶、家庭等群体之间的关系是稳定而令人安心的。

在所有上述情况中，都笼罩着死亡的阴影。这些痛苦

---

① 普里莫·莱维（Primo Levi），《如果这是一个人》（*Si c'est un homme*），巴黎，口袋（Pocket）出版社，1988 年。

的经历似乎将我们牵引到灵魂的更深处。我们在那里遇到
一种自由，一种强制我们决定自己命运的自由。不可否认
的是，遭遇这些痛苦使一些人得以创作出伟大的作品。当
一个人触及绝望，他便很可能离崇高不远了，因为后者是
绝望所隐藏的另一面。

逆反：变被动为主动的策略

当一个人的人际关系和归属关系出现问题时，当遭受
人身攻击时，存在感会被削弱。要想重新获得存在感，要
么是努力修复关系，把自己重新编织进群体和社会之中，
要么对人身攻击进行抵制及创伤后修复。事实上，还有另
外一种途径，即反其道而行之，采用逆反的方式，宣告自
己的存在未被摧毁、坚定且不可撼动。遗憾的是，以此获
得的存在感是虚妄的，事实上还是在削弱存在感。

遗世独立

通常说来，跟社会保持距离的人不爱讲话，不习惯直视他人，不喜欢聆听他人，他人说话时也无法集中精力去听。他们习惯于在一切社会交往中展现高高在上的冷淡。

在这种冷淡背后，隐藏着对存在感的极度渴望。为了抵抗存在感的消散，为了抬升自己，获得优越感，才会如此突出自己与社会有何不同，但他们的最大收获很明显不过是想象中的尊严。这种流放自己的态度中，隐藏着对社会和他人的抗争和敌对情绪——既然不能通过他人的认同而获得尊重，那么不如通过对他人的拒斥、贬低而自得意满。

这种孤独的特征不仅会出现在个人身上，还会出现在社会组织中。众所周知，一些家庭不愿跟外界往来，将自身严密封锁，其对外界的敌对情绪，其傲慢，其优越感，都在这种表现中展露无遗。阶层、宗教、种族、国家也可能拥有孤独、自闭的特征。

把人类分成不同的民族、宗教派系、阶层，相互隔绝、拒斥的倾向，在人类社会中占据着不可动摇的地位。这也是人类历史中纷争不断的原因之一。而从小的视角上看，这也是人与人之间纷争不断、太多的人深陷痛苦之中的原因之一。从根本而言，一切都是对存在感的争夺而已——不是通过互相支撑，而是相反。

采用以上"逆势"途径获得存在感的人，内心缺乏安全感，缺乏因爱和被爱而产生的温暖感。这是他们拒斥他人、贬低他人、自我标榜的深层原因。他们尝试夺走他人的尊严，以彰显自身优越感，消除内心不安，但此举却会不断拉大他们跟其余人的距离，不断加剧他们的孤独，最后使他们沦为"孤家寡人"，存在感有名无实。

不文明行为

"文明"与"人类社会"相对应，对大多数人来说，尽量使自己的言行举止符合文明标准，以获得认可，融入社会，这是实现存在感的基本策略。但也有一些适应力弱或有其他问题的人，反其道而行之，刻意凸显甚至伪装出"不文明"的一面，以期以与众不同而引起关注，强调自己的存在感。

咬指甲、抠鼻子、用餐时狼吞虎咽等举止，是不文明的。脏乱同样是一种不文明的表现。此处的脏乱是那种饱食终日无所用心之人表现出的脏乱，而非人在工作期间的忙碌混乱或大大咧咧。脏乱之人好像为了惹人厌恶，故意把自己打扮得很邋遢，而且必须要达到让人作呕的程度，这已变成了他们的标识。

跟其余人保持距离，并与之相互区分，是此类人真正

的意愿所在。他们不愿意跟其他人合作，想在某种程度上
远离社会生活。要想拒斥他人，还有什么方法比肮脏的衣领、
沾满油污的服装更切实可行呢？

事实上，不文明行为是一种逃避，他想以这种方法逃
避批判、竞争、苦恼，逃避爱情婚姻中的不顺遂。比如有
人以不文明的行为作为自身所有失败的借口，公然表示："没
有什么是我做不到的，前提是这种恶习能从我身上消失。"
但他随即又会喃喃："可这种恶习又的确存在于我身上，
真是可惜！"

阿德勒讲述过一个案例，案例中的不文明行为简直变
成了一种手段，被当作肆意妄为的挡箭牌。有个女孩已经
二十二岁了，还会尿床。在家里，她排行倒数第二。母亲
对她格外关照，因为她身体不好。她对母亲也非常依赖，
无论白天还是夜晚，都希望母亲能守着自己。为了达成这
一目标，她白天表现得很焦虑，晚上又表现得很惶恐，还

会尿床。她如愿以偿地吸引了母亲的关注，母亲不得不随时守在她身旁。

不擅长交朋友、无法融入社会、无法正常地去学校接受教育，是女孩另外的显著特征。每次被迫离家，她都焦虑不已。每次外出归来，她都渲染自己的精疲力竭，惊慌失措，还会编造各种恐怖经历说给家人听。她希望以此获得呵护，能时刻留在家里守着母亲。但家人迫于经济压力，还是帮她找了一份工作。她去上班时，简直是被撵出家的。可两天后，她就失业了，因为她又开始在公司宿舍尿床，这惹怒了老板。母亲严厉斥责了她，从此却不得不一直守在她身边。

尿床、畏惧黑夜和独处、试图自杀，这些其实都是在宣称："我一定要留在母亲身旁，母亲一定要关怀我，无论何时都是如此！"①

---

① 参见阿德勒《理解人性》第二部分第四节不文明的表现和糟糕的适应力。

一般说来，孩子都是为吸引大人的关注，才会有不文明行为，并借助该方法，以期扮演重要的角色。众所周知，大部分孩子都会在不熟悉的人到访时，表现得异常活跃，以吸引大人的关注。连最乖巧听话的孩子也可能在有客人到访时，如恶魔上身一样淘气。

有些孩子成年后也会有类似举动，他们通过不文明的表现，掩盖内心的虚弱和焦虑，以夸张和令人厌恶的方式张扬自己，强调自己的存在。然而我们知道，此举并不会带来人们的真正关注，更不会带来尊严。适得其反，他们会被人们更加忽略。

事实上，通过不文明行为强求存在感，是南辕北辙的一条途径。对存在感的追求，在本质上是对爱的追求，这种爱来自家庭、朋友和社会，想通过让他们痛苦或厌恶的方式去获得爱，是不可能的；不但如此，连本来拥有的爱也会失去。

痛苦的境地让我们直面"生活的真相"。这是一种与我们曾经的精神支柱断绝关系的自由,说到底所谓的支柱不过是一种建构,一种以为我们周边的人际关系和归属关系是一种最终的责任或所得的幻想。这份自由让我们不得不为了继续生存或重生而做出选择。可能的选择有哪些?对存在感缺失的人而言,无论导致这种情况的原因是什么,都有两条极端的路可以选择:崇高和绝望。

崇高,高处的一线光

"事实上,写作、绘画、雕刻、塑造、建筑、发明,都不过是为了逃离地狱。"① 崇高是一种从高处的逃离,通

_____

① 安托南·阿尔托(Antonin Artaud),《梵高: 社会的自杀者》(*Van Gogh, le suicidé de la société*),巴黎,伽利玛出版社,Arcades丛书,2001年。

过一个创造、一部作品重新赋予自己存在感，是一种逃避现实痛苦的方式。

根据每个人不同的天赋和资源，崇高可能表现为创造一个艺术作品或投身于狂热的信仰，不过后者也可能使人癫狂，因为这也是让痛苦崇高化的一种表现。坚信自己被赋予了非凡的命运、认为自己在政治或其他方面"神权天赋"可能最终导致谵妄。

此外，崇高也可以通过寄托来实现：在遇到困难的时候保持存在感的一种方式是躲进幻想中，通过明星、王子公主、女英雄、体育明星的命运来寄托自己对生活的想象。

下面我将介绍几个选择崇高这条路的例子，这些人凭借他们的天赋成功地运用艺术表达避开了存在的焦虑。我选择了几位在生活中遭遇过离别之痛的艺术家，之所以选择他们大概是因为离别是我们精神诊疗的中心问题。基本

上，前来咨询我们的都是因为一些离别问题。要么让我们
阻止他们（夫妻之间），要么为了帮助他们（亲子关系），
要么为了陪伴他们（丧葬、流亡）。选择这几位艺术家或
许也是因为，我们冥冥中预感离别的悲剧反而会催生出美
丽。难道离别让我们记忆尤其深刻只是一种偶然？为何我
们在一些离别的情况下会痛不欲生？帕斯卡尔·基尼亚尔
写过："为什么只有在失去的痛苦之中才能体会到爱？因
为爱的源泉就在于失去的体验。出生，意味着失去母亲，
离开母亲的身体，出生的过程就是失去一切，失去一切的
瞬间便是爱之伊始。我将爱定义为失去的黑暗暴力。"①

　　况且，艺术的本质不就是离别吗？艺术创造符号，而符
号意味着离别。画布上落下的第一笔线条，第一抹色彩，纸
上写下的第一个字母都是一种离别。创作对于艺术家而言，
除了离别，还能是什么？创作是尝试不可能，即表现离别，

---

　　① 帕斯卡尔·基尼亚尔（Pascal Quignard），《秘密生活》（*Vie
secrète*），巴黎，伽利玛出版社，1998 年，第 123 页。

或者说表现那些不可逆转的、无法挽回的和不可救药的。但是，所有的创作都会脱离其创作者，与其分离，因为艺术本天成。

我之所以在这里引用一些具有离别特征的艺术家作品，并不仅仅因为他们是艺术家，而是考虑到他们在生活中曾面临痛苦的离别，要么失去挚爱，要么亲人去世。

我最终挑选了三部当代作品，一本丹·弗朗克（Dan Franck）的小说《离别》，一部索菲·卡莱（Sophie Calle）的作品《剧痛》，还有瑞士画家费迪南德·霍德勒（Ferdinand Hodler）创作的一系列画作。

丹·弗朗克的小说①，一开头便直奔主题：一对夫妻因为一个习惯举动被打破而埋下了离别的种子。拆散一对夫

---

① 丹·弗朗克（Dan Franck），《离别》（La Séparation），巴黎，瑟伊出版社，Points 丛书，1998 年。

妻最有效的方式就是打破一些在他们看来非常亲密的能够增强归属感的行为习惯。这对夫妇的一个惯常举动就是习惯在看演出的时候手牵着手。让我们来听听丹·弗朗克的描述：

"她坐在他的身旁，……像往常一样，她将头靠在他的肩膀上，端详着他的侧脸，为他的专注神情而感到好笑。这一晚，什么也没发生。

"他牵起她的手。掌心轻搭在她的手上。手指一动不动，甚至没有一丝丝压力。皮肤没有丝毫温度。……她手一紧，收回拇指，想要从他手中抽出，但是被他捉住了……趁她放松，他将自己的拳头塞入她张开的手心，无名指在她小指上缓慢移动，然后温柔地岔开她的指节，将自己的手指滑进去，指端触碰她的手背，稍稍用力，如此十指相扣，保持着爱与被爱的姿势，就像初识的日子里在春日的森林中散步时那样，彼时，天空微白，鸟儿啁啾。

"她压低声音，恼怒地说：'能不能让我好好看戏！'然后突然松开手，与他拉开距离，将身子靠向另一侧。"

丹·弗朗克详细地描写了这个痛苦的时刻，即意识到一段关系已经无法挽回地失去了的时刻。他细致入微乃至强迫症般细腻的笔触，令人深受触动。

夫妻关系的破裂的确是无法挽回的。丹·弗朗克身为一名作家，不仅写小说，还创作电影剧本以及连环画。此外，他还投身于反抗一切导致隔离、流亡、放逐、迫害的问题。例如，他还加入了住房权协会（DAL），并为协会积极奔走。他给我们一种感觉，尽管不知原因为何，对他而言，离别是不可接受的。然后，他将这种不可接受进行了描写、剖析，然后呈现在我们面前。

至于索菲·卡莱，她是一名造型艺术家、摄影师、作家，其作品基本上都是揭露自我及他人的私领域，她尤其喜欢

将他人引入自己的作品中去。她经常邀请一些陌生人加入
到其创作中去。她的名气来自其惊人之举：她前期的一部
作品是在巴黎跟踪偷拍一名陌生人，甚至跟着他一直到了
威尼斯。她还让一些陌生人睡在她床上，只为偷拍他们睡
着的情形。她还曾经应聘去当酒店女佣，并趁客人不在的
时候偷拍他们凌乱的房间中能够体现隐私的物品。她是一
位隐私和离别专家。

她有一部作品名为《剧痛》。"剧痛"这里取的是医
学含义，指的是局限点的剧烈疼痛。该作品分为两个部分：
悲剧分手前的 92 天和分手后的 99 天。书的第一部分标题
为"疼痛之前"，第二部分是"疼痛之后"。

第一部分中卡莱详细描述了让她远离情人的一段旅途。
这个让她从十岁起就爱上了的男人是她父亲的一个朋友，
后来她成功让其坠入爱河。当时，她从法国政府得到一笔
去日本游学的资助，并决定乘坐火车穿越西伯利亚慢悠悠

地前往日本。她给情人写了一些文章讲述她的旅途。她知道，
当这 92 天结束后他们将在新德里见面。见面前夕，她写道：
"还有一天，我从未如此开心，等我。"

第二天，她收到一封电报，上面写道："先生在巴黎
因事故住院，无法与您在新德里相见。详询巴黎的鲍勃。
谢谢。"鲍勃是她的父亲、医生、肿瘤专家。几个小时后
她通过电话联系到他，她发现所谓的事故不过是寻常的甲
沟炎，而这一切不过是对方宣告他决定不去见她的一种懦
弱的表达方式。她很绝望，因为她明白他已经开始另一段
感情。

她心碎地回到法国并决定直面她的痛苦。她写道："我
在 1985 年 1 月 28 日回到法国，抱着驱邪的念头，我决定
向我的朋友或是偶遇之人讲述我的痛苦，而不是这段旅程。
在讲述的同时，我也反问他们，'你最痛苦的经历是什么？'
我不断通过对比别人的苦难来减轻自己的痛苦，这种交换

一直持续到我将自己的故事重复太多次以至于无话可讲的时候。这种方法非常奏效，三个月后我便痊愈了。"

这本著作左侧的页面上无止境地重复着她痛苦的自述，但是这些白色的字符渐渐变灰直至融于黑色的背景之中，并于第 99 天的最后完全消失。而右侧页面上出现的则是她曾经一个个质问过生活中最痛苦经历的人的诉说。文章结尾写道："98 天前，我曾深爱的男人弃我而去，1985 年 1 月 23 日，新德里皇家酒店，261 房间，罢了。"

画家费迪南德·霍德勒出生于 1853 年，一生命运多舛。他的童年伴随着大量的死亡，十分痛苦。他的所有家人都因为染上结核病而去世。8 岁的时候，他父亲去世了，15 岁时母亲去世，他的兄弟姐妹也都相继死去。他是唯一的幸存者。是艺术拯救了他。

他的第一任妻子奥古斯汀（Augustine）为他生了一个孩

子。一次，在他离开妻子之后的某一天，得知妻子病重，便急忙赶过去，在妻子弥留之际一直陪伴到其去世。这持续了一天半的时间。在这一天半当中，他画了一些素描和几幅油画，通过这些画作我们可以看到奥古斯汀的生命之火逐渐熄灭。

费迪南德·霍德勒的童年一直笼罩在死亡的阴影中，他通过其他方式将这种与死亡的关系表现出来：描绘一个临终前的农民，这是他最好的朋友去世后他为他画的身后肖像。

霍德勒生命中最重要的伴侣是瓦伦提娜（Valentine）。她患上癌症后身体日渐衰弱，在病榻上躺了一年半直到病逝。从瓦伦提娜患病初期直到弥留之际，霍德勒一直相伴左右并在这段时期创作了几百幅速写、十几幅油画和几幅绝美的素描。

弗朗克、卡莱、霍德勒，他们的作品其实都体现了双重离别：首先，创作本身就暗含着一种离别；其次，这些创作又是帮助艺术家们面对生活中一些痛苦离别的必要方式。

但这不仅仅意味着见证痛苦，更是与痛苦的一种对抗，试图将痛苦升华。丹·弗朗克下面这段话很好地阐释了其间的区别："他想起了他的一位女性朋友 A.F.，她自己也是一名作家，死于癌症……这位朋友曾说过她像她死于纳粹集中营的父亲一样与死亡做斗争，绝不屈服。于是，他体会到也明白了这种不逃避，用手指按住伤口，并与死亡做斗争的需求。因为用绝望对抗绝望，毫无意义。这就是他写作的理由。"

艺术家在遭遇痛苦的时候会创作，这似乎相当符合逻辑。在面对苦痛的时候，将这份痛苦转化为文字、绘画、音乐是一种减轻痛苦、将痛苦外化并加以固定的方式，能够让艺术家以为其痛苦来自外部。

让我惊讶的是接下来的一步,即将私人的痛苦公开化。如果说霍德勒在至亲至爱弥留之际无比痛苦而采取了他最熟悉的方法去疏解,这是可以理解的,但为何要在作品上署名?倘若这种痛苦是私人的,那么他如何处置是他自己的事情。同样,索菲·卡莱或是丹·弗朗克的感情纠葛诚然令人伤心,但这又与我们何干?为什么要将其公开?这便是艺术家与众不同的地方。没有任何东西是属于他们的。署名,不过是告别之吻。作品一旦署名便不再属于艺术家,而是成为社会公有物(respublica)。

创作过程包括两个阶段:首先是私密期,这是艺术家与自我进行交流的时期,然后是公开期,这个阶段意味着离别,艺术品脱离艺术家开始拥有独立的生命。但这个过程是有代价的。吉纳尔有句话说得好:"艺术是孤独的,它是绝对孤立的存在。而作品不然,作品越是受到世人追捧,

就越脱离创造它们的艺术，艺术与作品是两码事。"创作
的行为导致孤独和寂寞。既然艺术作品使人孤单，又为何
要将它们公之于天下？

对埃利亚斯·卡内蒂（Elias Canetti, 1905—1994）[①]来说，
呈现给世人的这个过程是艺术家所固有的本质，无论它会
带来怎样的风险。它的确存在很多风险：被剥夺痛苦的风险，
不被认可的风险。后者也会成为痛苦的来源。

因此，霍德勒遭到日内瓦民众唾弃时才会备受煎熬，
他们说他只看到世界丑恶的一面，认为其作品太过疯狂，
日内瓦市长认为他的作品是淫画而将其驱逐，苏黎世美术
馆馆长也曾拒绝其作品。

索菲·卡莱曾经有很长一段时间不被本国人民所接受，
这让她十分痛苦。就像卡内蒂所说："艺术中的一切都还

———————————

① 编者注：英籍犹太人作家，1981 年诺贝尔文学奖得主。

在后头。创作出什么东西或是到达某个境地是不够的。必
须要呈现给他人。这一步是必须的。"[1]

艺术就是自我剖露。因此艺术家要署名。如果作品是
私密痛苦的表达，为什么还要落款签名？因为再也没有比
与作品分离更私密的痛苦了。署名的瞬间，是艺术家与第
三者们对话的开始。他面向的是全世界。即便是在最剧烈
的痛苦之中，艺术家也不忘探索美，用美学的表达方式创作，
其作品绝不是无益的叫喊。

这就是艺术，艺术就是试图通过美、韵律、仪式来诱
惑他人，使他们着迷，攫住他们的目光和注意力。

霍德勒说："接受我们所有信仰和意愿的消亡吧，如
此才能创造出伟大的作品。"艺术意味着离别，它让生活

---

① 埃利亚斯·卡内蒂（Elias Canetti），《自传：获救之舌》（*La
Langue sauvée. Histoire d'une jeunesse, 1905—1921*），巴黎，阿尔班·米
歇尔（Albin Michel）出版社，2005 年。

得以继续下去。"我继续是因为我从未成功。"画家弗朗
西斯·培根 1954 年在瑞士法语电视台的一次访问中说道。

艺术家让我们懂得疼痛固然是痛苦的来源，但同时也极
具魅力，因为它让我们明白什么是不可逆转、无法挽回的，
什么是绝望的。同时它还让我们切身体会到什么是存在，
我们大概只有在存在感受到威胁的时候才会意识到它的
存在。

生物学家亨伯托·马图雷纳（Humberto Maturana）说
过："如果没有死亡，剩下的便只有死亡。"我们或许可
以在不违背原义的基础上将这句话改为：如果没有离别，
剩下的便只有死亡。

一个病人给我讲过这样一个秘密："那时我八岁，坐
在汽车后座上，我的父母坐在前排，父亲开着车。汽车在
一个公路交叉口停下。透过右侧的玻璃我看到一堆碎石子，

或许是工人们丢下的。我紧盯着这堆石子心里想，我再也
看不到它们了，在以后的人生中我或许还会看到其他的碎
石堆，但这一堆，绝不会再见了。我并没有难过，而是了然。
对再也不见的了然，对离别的不可逆转的了然。当汽车再
次启动，一切就结束了。这个瞬间一直留在我的脑海里，
当时我确信不能跟父母谈论这些，因为这会让他们不安。
于是，这就成了我的秘密。"对这个孩子而言，这堆碎石
子就相当于我们成人眼中的艺术品，吸引、联系，然后离别。

埃利亚斯·卡内蒂曾经遭遇过无数次流亡，被迫放弃
母语、与母亲离别，让他十分痛苦。他说："告诉我这
是怎样渎圣的游戏让你一直沉湎于离别？……一直危险地
生活，什么样的生活能比充满离别的生活更加危险？……
有人只有呼吸属于自己的空气时才能思考，只有通过不断
的离别这个可怕的方法才能使他安心。这就是你强加给
孩子的，从他最幼小的时候开始。你为了能够继续思考
而让他习惯了离别。……而如果没有死亡，还有什么能

够替代离别的苦痛？难道这就是死亡唯一的美德？满足
我们对最大痛苦的需求，如果没有这种痛苦我们都不配
为人。"①

　　找到存在感或修复存在感的一种方法在于留下痕迹。
除了创造艺术品之外，也可以养育一个孩子、建造一栋房屋、
种一棵树、留下一笔财富……这就是为何会有数量如此庞
大的书籍、回忆录、博客，以及其他各种各样的作品的原
因，其作用就是让我们在他人眼中实现存在，为我们在社
会中赢得一席被认可的地位。所有的创作都是离别。因此，
问题就在于离别。作品一旦完成就不再属于我们了，不管
最终是什么作品，书籍也好，画作也好，都将获得自己的
生命……

　　这就是创作者的悲剧：其作品只能暂时解除其痛苦，

---

① 埃利亚斯·卡内蒂（Elias Canetti），《钟的秘密心脏：笔记·格
言·断片（1973—1985）》（*Le Cœur secret de l' horloge. Réflexions,
1973-1985*），巴黎，口袋书，1998 年，第 119 页。

因为它并不是为创作者准备的。作品一旦完成，创作者只能重新再来。

绝望

　　崇高的阴暗面就是绝望。崇高与绝望似乎密切相关。普塞尔（Purcell）[1]的歌剧《狄朵与埃涅阿斯》（*Didon et Enée*）中狄朵的一段题为"当我长眠地下"的长篇大论便很好地证明了这一点。《狄朵与埃涅阿斯》是普塞尔为我们留下的最动听的歌剧之一。歌剧中，他谈及死亡，谈及离别，谈及遗忘。埃涅阿斯[2]离开后，狄朵自杀了，她临死前的最后一句话是："别忘了我，但请忘记我的命运。"让自己死后得以存在，难道不是对抗绝

---

　　[1] 编者注：亨利·普塞尔（Henry Purcell, 1659—1695），巴洛克时期英国作曲家，被认为是英国最伟大的作曲家之一，独霸英国乐坛两百年。
　　[2] 编者注：杰西·诺尔曼（Jessye Norman）与英国室内管弦乐团合作演绎的埃涅阿斯堪称最动人的版本之一。

望的最终办法吗？但我们也可能出于同样的目的去杀
人。我在存在感缺失的绝望者中挑选了两个完全不同的
案例，这两个人都认为自己的存在没有任何意义，然而
却得出了两个截然相反的结论。他们分别是：玛丽－乔
治·西默农（Marie-Jo Simenon）和路易·阿尔都塞（Louis
Althusser）。

自杀

当绝望成为唯一的出路时，自杀的想法就会浮现。
但什么是绝望？这个问题最确切的答案，在我看来是从玛
丽－乔治·西默农的绝笔信中节选的这句话，这句话我们
之前也提到过，她说："我失去了尊严，这是存在唯一的
意义。"因此，失去为人的尊严会让人丧失对人世的留恋，
失去对存在的向往，这种感觉让人绝望，而自杀成为解
脱的捷径。

　　玛丽－乔治·西默农，也被叫作玛丽－乔，是一位兼具勇气、决心、远见和真诚的女性，她的死值得我们深究。她临死前的最后一封信为我们提供了指引。这是一份极具价值的文献，不仅文笔流畅优美，而且真切地见证了什么是绝望。这封信是写给她父亲乔治·西默农的，后者将其公开在自己的一部自传《私人回忆录》①中，虽然这个行为一点儿也不"私密"，但多亏他我们才得以读到这封信。

　　《私人回忆录》是乔治·西默农献给女儿的一本书，旨在探究他女儿自杀的理由，同时也为自己辩护，逃避一直萦绕心间的负罪感。乔治·西默农口述这份文献时，已经 77 岁，距他女儿去世已经两年，当时他的身体状况已经不允许他写作。

---

　　① 乔治·西默农，《私人回忆录：写在玛丽－乔的书后》(*Mémoires intimes, suivis du livre de Marie-Jo*)，巴黎，西岱出版社，1981 年。

"我毁灭，因此我存在"

破坏、暴力、毁灭、虐待：这些都是一种近乎变态的寻找存在感的方式，同时也是为了体现自己对某些事物或某些人的控制欲。这种行为并不罕见，反而很寻常。有时，它表现为："既然我得不到，那就毁掉它。"一些情杀和毁坏文物的案件通常是这种情况。有时，它体现在种族主义心态上："毁灭，让我高人一等，远超这群懦弱的家伙！"

哲学家路易·阿尔都塞最后扼死他妻子的行为就是一个十分重要的佐证。他在死前不久写的回忆录中便详述了这个悲剧①。这篇文章有趣的点在于阿尔都塞一直坚称自己从未存在过。他直接将这种感觉与他的行为联系起来，甚至还将"我毁灭，因而我存在（destrugo ergo sum）"这样

---

① 路易·阿尔都塞，《来日方长》，巴黎，当代出版纪念研究所（Stock/IMEC），1992 年；日尔曼·阿尔塞·罗斯（German Arce Ross），《路易·阿尔都塞的利他杀人》（*L'homicide altruiste de Louis Althusser*），《地中海诊所》（*Cliniques méditerranéennes*）2003 年 1 月刊。

的句子作为个人箴言。

这种认为自己从未存在过的感觉，在阿尔都塞看来，源自于他母亲一直只把他当作一位故人的化身。这位已故之人就是他的路易（Louis）叔叔，也是他名字的来源。

第一次世界大战期间，由于飞机失事，他叔叔在凡尔登失踪。他母亲一直深爱着这位路易，在这位路易去世后这份心意也未曾改变，甚至直到她嫁给路易的哥哥，夏尔（Charles）。

实际上，这两个家族早已定下姻亲，要将一方的两个女儿朱丽叶（Juliette）和吕西安娜（Lucienne），后者即是阿尔都塞的母亲，许配给另一方的两个儿子夏尔和路易。原本定下的是将吕西安娜嫁给路易，将朱丽叶嫁给夏尔。但造化弄人，路易战死。夏尔向两个家族表明，他喜欢的是原本许配给路易的吕西安娜，尽管他本该迎娶的是朱丽叶。

吕西安娜接受了他的求婚，但终其一生她都在抱怨，恨他取代了那个被她理想化了的路易的位置。

当然，她似乎完全有其他理由不喜欢夏尔：他是一个冷漠的父亲和乏味的丈夫，至少在阿尔都塞眼里是如此。我们明白，对阿尔都塞而言，这个名字是一个负担。他写道："路易，一个长久以来我从字面意义就非常憎恶的名字。……它代替我表达了太多含义，'是的（Louis 一词中包含 oui 这三个字母，含义是：是的，同意）'，我一直在反抗这个'是的'，因为它代表的是我母亲的意愿，并非我的。它还尤其代表着'他（lui）'，一个第三人称代词。它的发音听起来就像在呼唤一个匿名的第三者，这剥夺了我一切固有的人格，并且影射着我背后的那个人——他，就是路易，我叔叔，我母亲爱恋的那个叔叔，而不是我。"

阿尔都塞一直觉得自己活在世上不过是他叔叔的替身，因而十分沮丧。这位小路易试图用多种方式证明自己的存在。

　　首先，通过展现魅力。绝非偶然，他与西默农一样都对性十分沉迷，这种行为可以被理解为一种自体繁殖的尝试。其次，通过参与政治和现实斗争。最后，通过犯罪：杀死爱他的那个人。出于什么原因？阿尔都塞希望通过这个举动帮助他不必再和自己所变成的怪物一起生活。他62岁时扼死了他的妻子埃莱娜（Hélène），十年后去世。去世前他在遗作里解释了自己的行为，这部作品在他去世后才得以出版："显然我通过终结别人的存在，通过无情地拒绝他们试图提供给我的任何形式的救赎、支持以及理智，一直在寻找关于我客观上自我毁灭的证据和反证，寻找我不存在的证据，证明我在生活中早已彻底死去，了无生趣，不可救赎。……通过毁灭他人，我象征性地实现了自我毁灭。"[1]

　　但是，在崇高和绝望之间，还存在其他形式的解决办法，试图回应存在感缺失的问题。

---

　　① 路易·阿尔都塞，《来日方长》，同上一注释（op.cit.），第269页。

CHAPTER FIVE

我们能够实现自我存在吗?　第五章

自我归属的赌博

在崇高与绝望之间，有些人也会选择其他的存在方式，他们妄言自己终将实现自我归属。可惜，就像希罗多德（Hérodote）① 在《历史》（*L' Enquête*）一书中所说的："任何单独的人类个体都无法实现自我满足。"

事实上，摒弃他人独自存在，意味着能够在自己内心创造出一个个人世界，这个世界足以匹敌将我们与外部世界联系起来的一堆人际关系和归属关系，并能让我们找到存在感。

—————————

① 编者注：希罗多德，约前480—前425年，古希腊作家、历史学家，被尊称为"历史之父"。

  这无异于试图自己生下自己，或是拎着自己的背带将自己提离地球！当然逻辑学家也证实了这一说法的不可能："自我归属是绝对不可能的。没有任何集合是只包含它自己的，就像你无法假设同一个数学对象既是一个集合，同时又是这个集合的一个元素一样！"①

  此外，分析哲学之父伯特兰·罗素（Bertrand Russell）还证明自我归属的概念会导致很多无法克服的悖论："x 属于 x 的公式意味着一个集合属于它自己，这是完全不合逻辑的。"

  但是，人们并没有因为自我归属是无法实现的就停止尝试。这些尝试的作用在于通过改变常态这一办法寻找、找回、修复人际关系或归属关系中得不到的或无法维持的存在感。

---

  ① 法比安·塔比（Fabien Tarby），《阿兰·巴迪欧的哲学》（*La Philosophie d'Alain Badiou*），巴黎，阿尔马唐出版社，2005 年。

采取这种办法的人不在少数。他们的方式各有不同，但都有一个共同点，就是将自己放到第三者的位置上实现自我存在。这是跟自己进行的游戏。我们发现这些尝试大都是一些危险行为，或者也可以称之为"神判行为"，即尝试将毒物、酒精、毒品、自残、赌博还有一些激情行为等当作第三者。

在死亡边缘寻找存在感

"神判行为"这个词起源于中世纪时期的一种司法形式，人们依赖于上帝的判决来决定一个嫌犯有罪或是无辜。这通常是一些身体上的考验，要么将嫌犯的手伸进火里，要么将他们浸到水里，如果他们仍能安然无恙，就必定会被宣告无罪。

电影《无因的反叛》中令人难忘的一幕便揭示了这一

行为：詹姆斯·迪恩驾驶一辆汽车全速驶向悬崖，直到最后一刻才跳出车外，下一秒汽车便滚落山崖。他视死如归地通过这个考验后所爆发的大笑令人印象深刻。"竭尽全力让生命处于危险之中，与此同时又热爱生命。最终在濒临死亡的那一刻感受生命的意义。"[①]亨利·德·蒙泰朗写道。

很多危险行为在青少年人群中，可能是解决一些生活烦恼的尝试，这些苦恼往往与青少年感觉在家庭中不被认可、倾听和理解有关。但显然，这些危险性极大的行为还是不要去做，因为我们的生命只有一次。

在很多成年人身上也可以看到冒生命危险寻求刺激的行为，形式多种多样，例如极限运动。

按照这种假设，我们就可以更好地理解赛日·甘斯布

---

① 亨利·德·蒙泰朗（Henry de Montherlant），《与尘共舞：笔 记（1958—1964）》（*Va jouer avec cette poussière. Carnets*, 1958-1964），巴黎，伽利玛出版社，1966 年。

（Serge Gainsbourg，1928—1991）[1]的人生了。

　　甘斯布的第一份工作就是在一家集中营孤儿所当老师。多年以后，他用简练的语言表达了这段难以磨灭的经历："我在好一颗黄星下长大……"是否可以说这段最初的心理创伤导致了他后来对生命含糊不清的态度，对其存在感持久的怀疑以及对死亡一再的挑衅？不管怎样，在他的作品中总是频频出现与死亡游戏的痕迹："当我们拥有一切，也就一无所有，于是我绝望……""我需要一直动起来。一旦出现静止画面，我知道我会死去……""我成功了一切，除了生活。""只有这样一种打败绝望和死亡的卓有成效的成功才能使我们远离自杀的念头。""我知道自身的局限，因此我才能打破它……"

　　死亡还在他创作的一些歌曲中更加露骨地表达出来，

----

　　① 编者注：法国音乐家、作曲家，被视为世界上最有影响力的流行音乐家之一，1991年去世后，法国为他降半旗致哀。

例如《当我的 6.35（自动手枪）对我暗送秋波》：

当我的 6.35

对我暗送秋波

我时常感觉

一阵眩晕

想要就此结束

砰！

砰！

又或者，在《火将熄》中他唱道：

于是我感觉我在这里

即将结束即将结束即将结束

即将结束

这糟糕的生活即将结束即将结束

即将结束

自我伤害

尤其年轻女孩更倾向于通过自残来寻找存在感。这种
行为由来已久。例如，在玛丽·居雅尔（Maire de l'Incarnation，
1599—1672）的告解中就有所体现："以前我就开始了苦修，
这一切对我来说不算什么。

在美国，占总人口约 0.75% 的人群曾有过自残行为，
相当于两百多万人。在英国，针对年龄在 14 到 18 岁之间
的少女的调查结果令人震惊：其中大约 10% 的人曾在某个
时期有过自残行为。

虽然自残行为本身由来已久，但是这种行为的普及
和扩散却是一种新现象。尤其少女容易受这种行为影响，
80% 的自残者都是女性，年龄最小的只有 14 岁。随着年龄
的增长，自残行为的频率增加，直到 20 岁之后才会显著下
降。因此，自残行为似乎与青春期向后青春期的过渡相关。

自残是人们对自己施加的伤害。因此,这是一种身体暴力。它的主要表现是划割小臂或大腿的皮肤直至见血,但也包括烟头烫伤或剧烈反复的刮擦。

有一点很重要:自残是有意识的暴力行为,目的是体验肉体上的痛苦,也具有很大的危险性。

在导致这种行为的因素中,我们发现这些女孩都有过身体遭受侵犯的先例:数据显示,这些病人中大约一半曾经遭遇过性侵。其他相近的因素,比如不公正待遇也是造成这种行为的原因:一份加拿大的研究表明女子监狱中的自残行为频率要远远高于普通大众。这种集体收押等处罚会导致一些轻度罪犯产生自残行为,她们在那里往往受到极不公正的待遇。还有一些诱因与自残者本身有关:针对自己的极度愤怒,无法表达自己的情感,抑或孤独。

那么,为什么选择通过自残来表达自我呢?自残者们说这样可以减轻内心的痛苦：流淌而出的鲜血代替了泪水。大多数人都说这些行为和痛苦让他们感觉到自身的存在："这是我的身体，我之所以这么做是为了证明我的的确确存在着。"

自残行为与神判行为相当，都是主体为了寻找存在的权利而强加给自己的考验。自残行为一旦开始就会陷入重复。多位自残者表示他们这种鲜血淋漓的仪式会产生一种快感。

这些女孩对身体与心理之间的关系提出了非常明确而又关键的问题。身体与心理之间不是一种机体上的联系，而是文化上的，这是一种我们在孩童时期和青春期通过个人隐私的概念习得的联系。

这种联系是被赋予的，不过在我看来，这是一种有条件的自由。我们被赋予了使用身体的权利，但这种权利要遵守父母、社会、文化、宗教等强加的限制。这是一种被监督的权利,一种有条件的自由。另一种限制来自身体本身,它有一定的自主性。例如,身体会衰老。

那些自残的女性在她们的行为中体现出一种将身体与心理分割开来的能力。她们当中有很多人曾遭受过性侵,这并不令人吃惊,因为性侵受害者告诉我们,为了在性侵中生存下去,她们会躲藏到内心世界中去,也就是说在放弃身体、任人蹂躏的时候保护自己精神上的私密性。

这意味着对精神和身体联系的放弃,人类有能力做到这一点。于是,我们可以将自残行为解读为重新建立精神与身体联系的尝试,通过自己强加给身体的,与身体一同感受的痛楚来证明这具身体依然属于她们。她们试图通过自残的痛楚来感受身体与精神融为一体的快乐。

这些自残的女性告诉我们,有时候,身体与精神的联系绷得太紧会断。从这种意义上说，她们认为自己的自残行为是种自我归属的尝试。通过创造痛苦，将自己与身体联系起来。这让她们获得存在感或快感，得到一种与身体重新统一、重获身体的快乐，尽管这要付出痛苦的代价，但在她们看来，痛苦很快就会让位于身体的快感。

本质上来说，自残是针对某一特定问题进行自我治愈的一种尝试，往往与青少年时期身体与心理的联系崩断有关，感觉自己的身体像是陌生人的。这种"治疗"似乎也不乏有效性，毕竟，不论是否得到外界帮助，大多数自残者在将近 20 岁时都自愈了，但这一行为明显也是不值得被提倡的，如果我们在一开始就给予了这些孩子足够的关怀，自残行为也许就不会发生。

人造天堂

大多数吸毒成瘾的情况也是为实现自我存在而做的一

些尝试，但是毒瘾的情况又有些微不同。瘾君子与毒品之间的关系很复杂，这不是一种简单的关系，反而更像是一种归属关系。

毒品对瘾君子而言是一种身份的支撑，因此也是存在感的来源。所以，他们将毒品拟人化的行为绝非出于偶然，他们将毒品命名为：白天使（吗啡）、兰博（海洛因）、玛丽·让娜（印度大麻）、怀特霍斯（可卡因）。当我们见到一个瘾君子或是一个酗酒者，其实面对的是一对搭档，因此，让他们重新独立才会变得如此困难。

正如亨利·米修（Henri Michaux）所写："一种毒品，与其说是一件物品，其实更像一个人。所以，问题便在于如何与之共处……"甘斯布也是这种情况，毒品是他为了应对自己的情感而经常使用的武器之一：

对我而言死亡有一张孩童的脸庞

闪着透明的眸光

她的身躯上爱意的高雅

将会永远把我裹藏

突然哪天我丧失理智

她将呼唤我的名 ①

瘾君子的想法是为自己免除与人类之间的情感关系，免除所有归属关系，让这些关系变得无关紧要，让他们不再依赖于与他人的情感或是他人的认可。他们在精神上将毒品幻想为人。他们认为所有付出情感的关系都有一定的危险性，就像所有的承诺都是一种过重的负担。

在《毒药》一诗中，夏尔·波德莱尔（Charles Baudelaire）展示了永远忠诚的毒品与危险的、无法掌控的关系之间的鲜明对比。在这种情况下，真正的毒药已不是

---

① 《印度大麻》，这首歌来自皮耶·寇拉尼克（Pierre Koralnik）的电影《印度大麻》（Cannabis）的原声带，1970 年。

我们所想的毒品，而是女人：

> 鸦片使无边者胀大
>
> 使无限延长
>
> 使时间深远，使肉欲增强
>
> 它超越灵魂的能力局限
>
> 为其装满黑暗而忧郁的快感
>
>
> 这一切却都不及你眼中
>
> 你绿色的眼眸中流淌的毒药
>
> 我的灵魂倒映在那两汪湖水中，在你的眼波中颤抖……
>
> 无数梦境朝我涌来
>
> 为置身苦涩深渊的我解渴

什么都比爱恋来得好，这首诗讲述的是波德莱尔与一个女人的故事，但是他绝大部分的痛苦却来自其母亲，后者改嫁军官后从未得到他的原谅。

　　自儿童时期，他与存在的联系就表现出一种复杂性：
"很小的时候，我就感觉到内心有两种自相矛盾的情感：
对生活的恐惧和对生命的欣喜。"他对各种毒品的沉迷，
包括鸦片、大麻（他曾是大麻俱乐部会员），可以使他产
生自我存在的错觉，从而不必去烦心资产阶级世界和他的
家族拒绝给他的——对他的才华的认可。

　　他试图寻求自我存在的赌博倾向在下面这句话里可
见一斑："交替扮演受害者和刽子手的角色或许是一种
温柔。"①

运气游戏

　　萨卡·圭特瑞（Sacha Guitry）沉迷赌博，对于自己与

---

　　① 《我赤裸的心》（Mon cœur mis à nu），1864 年。

神判行为关系的意义，他阐述得比心理学家们都好："我喜欢赌博，不仅仅是因为赌博让我们品尝风险，更是因为它是信仰的见证，首先你要相信自己，其次也要相信生活，相信命运，因为在我看来，运气恰恰就是命运，而命运，对我而言，就是上帝。因此，我很自然地认为，赌博是对上帝的信任！"[①]

所谓运气游戏不过是那些玩家创造出来的本不存在的幻象，认为命运不是随机的，它很快就会帮助玩家成为被选中的幸运儿并获得大笔财富！这是等待命运来确认他的存在，确认他对自己美好命运的信仰。

尽管如此，我们依然难以理解为什么萨卡·圭特瑞对确认其存在的权利有如此强烈的需求，毕竟他在摇篮时期就已经受到了幸运女神们的眷顾：他的教父是沙皇亚历山

[①] 萨卡·圭特瑞（Sacha Guitry），《骗子的回忆录》（*Mémoires d'un tricheur*）（1935 年），巴黎，伽利玛出版社，Folio 丛书，1973 年。

大三世（tsar Alexander III），他父亲吕西安·圭特瑞（Lucien
Guitry）是同时代最著名的演员之一，他写的剧本当时在剧
院大获成功。

尽管萨卡·圭特瑞在言论上贬抑女性，他对女人却有
着强烈的兴趣，并十分注重展现自己的强大魅力，不过有
过许多段婚姻的他在这方面却总是很难得到认可。我们是
否可以由此推断他在存在感上的自信缺失源自于不曾得到
母亲的认可，就像西默农或阿尔都塞那样？

激情

"激情"这个词最初的含义是灵魂任由身体作主导："意
志的堕落滋生激情。"希波的奥古斯丁（saint Augustin）
如是说道。笛卡尔（Descartes）则认为："激情是灵魂的
被动与身体的主动。"因此，激情是一种主动展现消极被

动的方式，意味着主动接受，任由自己被欲念所驱使。

激情是我们拥有的保护自己不至陷入绝望的资本之一，也是试图通过自我归属的形式实现自我存在的另一种方式。激情者将第三者视作物品来利用，从而掌控环境。但是，这个第三者并不是真正意义上的一个完整存在，因为它已经融入激情者的生活。我们或者可以说激情者吸纳了第三者，将其变成自己的躯体。

激情者把对存在的恐慌固定在一个被认为能够填满所有空虚的物品上，从而来逃避这种恐慌。有的人却不为这样的圈套所迷惑。死于自杀的弗朗索瓦丝·萨冈（Françoise Sagan）① 写道："生活中给我们安慰的一切，并没有真正地让我们快乐，反而通过一种可恶的方式束缚我们，像蛇一般阴险……我发现只有摆脱一切，才能将自己解放。什

① 编者注：法国著名女作家，18岁即写出小说《你好，忧愁》，创下84万册的销售纪录，一举夺得法国当年的"批评家奖"。

么也不要承担，永远不要。除了激情，因为它恰恰是令人
不安的。"①

在诸多激情中，我将谈及其中的两种，爱情和收藏癖，
当然除此之外还有许多其他类型。

爱情

所有激情都有唯一性：我们不可能同时充满激情地爱
上两个人或是两个对象。这正是它有别于爱的地方，爱是
可以分享的。

当然二者之间还存在其他不同：谈及爱，我们很容易
区分爱人者和被爱者。至于激情，它是贪婪的、排他的、
唯一的、永恒的。

———————————

① 弗朗索瓦丝·萨冈（Françoise Sagan），《昏迷的马》（*Le
Cheval évanoui*），巴黎，口袋书，1969 年，第 61 页。

原因很简单,因为并不是我们拥有激情,而是我们就是激情;不是我们热爱某个客体,而是我们就是这个客体本身,或者说在这个客体之中,又或者这个客体是我们的一部分。激情促使我们想要与客体合二为一,充满激情者就是客体,客体就是充满激情者。

这是一种将他者纳入身体的方式。这里可以借用乔治·巴朗迪埃(Georges Balandier)的一句话并稍加改动:"激情让我成为一个巨大整体的一部分,这个整体包裹着我,我也包含着它,它让我得以存在。"

为什么想要处于激情之中?帕斯卡(Pascal)在《关于爱的激情的演讲》一文中给了我们答案:"因此,我们是幸福的;因为一直维持激情的秘诀在于不要让精神产生片刻空虚,要迫使它持续不断地投入到让它产生愉悦感的事物中去。"

不过，激情总是个人主义的、个体的，这里我避免使用自私的字眼，因此激情是一种反社会的、私人的体验，与群体的、集体的利益相对立。对罗兰·巴特（Roland Barthes）而言："爱的激情是一种谵妄。"[1]

要么使用这种能力，然后承受内疚的风险，要么不使用它然后承担后悔的风险……谁不曾感受过激情的呼唤，然后决定纵容它或是压抑它？或许要接受它就必须变得绝望？因为融入激情（或者按照魁北克人的说法，坠入激情）意味着变得盲目，放弃远见、掌控和选择。也就是说在激情中"堕落"。

鉴于激情是一种身体机制，尽管我们珍视它，并尽一切可能去保护它，但是所有的激情都是折磨人的、极具占有欲且极端的。其风险在于"激情衰弱"，帕斯卡尔·基

---

① 罗兰·巴特（Roland Barthes），《恋人絮语》（*Fragment d'un discours amoureux*），巴黎，瑟伊出版社，1977年，第123页。

尼亚尔在《秘密生活》中写道："所有的激情都存在一个饱和点，这是十分可怕的。当我们到达这个点时，会突然了悟已经无力提升我们正在感受的这份狂热，甚至无法将其持续下去，这份激情便即将消逝。"

人们有时通过不同的方式试图避免这种"激情衰弱"，例如频换对象（唐璜一般的行为），无限美化对象，甚至在对象难以驯服时侵犯他们（情杀），为维持对象的幻想而导致癫狂（嫉妒妄想，被爱妄想）、轻度躁狂、偏执、神秘主义，等等不理智、病态，甚至犯罪的行为。但大多数情况下，我们会再次体会到一种空虚的痛苦，内心的空虚、周身的空虚、强烈的孤独感，以及存在感的丧失。

激情也可能是不幸的，可能暗示着一些病态，但当时的我们可能会认为即便会陷入眩晕的状态，自己会变得难以接近，发生的情况会将我们置于世界之外、时间之外，也值得冒这个险。于是，就产生了谵妄。

然而，这同时也像第一次看到这个世界，是孩童面对
绝美时发出的第一声惊叹，或者我可以称之为：心醉神迷。

这是发现了一种存在的可能性：因为世界在那里，它
因我赞叹的目光而变得美丽，于是我存在。这是活在梦境
的体验。我们知道幻想可能变成噩梦。我们无法毫发无损
地唤醒一位幻想者！

每个人都向往并期待经历爱恋，但同时又有所担忧，
因为我们知道这段关系可能是唯一而又短暂的。知晓我们
可能只有一次机会，却不知能否抓住它，这就如同带着一
把只有一颗子弹的步枪上战场一般。这就像知晓人终将一
死或者我们的出生不过是一个偶然。我们知道这个道理，
却又永远悟不透……

就用斯蒂芬·茨威格（Stefan Zweig）的这段话来结束
这节吧，因为它涉及我们所有人："或许只有那些对激情

完全陌生的人才会在某个异常特别的时刻，感受到这种如同雪崩抑或暴风雨般突如其来的情感爆发。于是，长达数年不曾动用的力量悉数涌出，激荡在某人的胸膛深处。"①

对物品的迷恋②

收藏癖在让人产生存在感方面有着类似的作用。这里我将引用大收藏家西格蒙德·弗洛伊德（Sigmund Freud）的例子。要知道他曾住在维也纳，一个反犹太主义从未停歇的城市。他在那里从未得到任何一个合法群体的认可，这个事实给他造成了极大的痛苦并危及他的存在感。在我看来，可以将其收藏的行为与实现自我认可的意愿联系起

① 斯蒂芬·茨威格（Stefan Zweig），《一个女人一生中的二十四小时》（*Vingt-quatre heures de la vie d'une femme*），巴黎，口袋书，1992年，第111页。
② 更多细节请参阅罗贝尔·诺布尔热（Robert Neuburger），又译罗伯特·纽伯格，《收藏家弗洛伊德》（*Freud collectionneur*），《医学心理学》（*Psychologie médicale*），20（2），1988年。

来，通过对收藏的物品的掌控感来获得某种形式的认可和
保障。

弗洛伊德在伦敦居住过的房子自 1986 年 7 月开始对外
开放，这是他被强制流放后从 1938 年 10 月直至 1939 年 9
月去世期间的居所，在那里我们可以看到构成他周围环境
的物品。奥地利被德国纳粹占领后，他和亲人的生命受到
威胁。1938 年 6 月，他被迫离开维也纳。他的离开多亏玛
丽·波拿巴公主与美国大使的协调。他们从中斡旋让他得
以用一笔"税"的代价带走全部家具和物品。

弗洛伊德的古董藏品多达 1900 件，其中大部分是他在
1898 年至 1930 年间收集的，这些藏品全部陈列在汉普斯特
德（Hampstead）的弗洛伊德博物馆里。尽管这批藏品的质
量有待商榷，这一点我们后面会详细提到，但是弗洛伊德
对这项活动的投入之多却是毋庸置疑的：马克思·舒尔认
为收藏对于弗洛伊德而言是"唯一一项在强度上超过尼古

丁的需求"。每周三，他都会去卖家那里转一转，而后者在得到某样新物件时也总不忘拿过来给他瞧瞧。收藏对他而言一直是一种"为他带来巨大消遣"的激情。

但是，一套藏品并不是简单的堆积，不是一"堆"未加区分的物品。即便总体上看起来十分杂乱无章，我们也总能在整体中找到一种构成逻辑，找到决定这些物品流动的原动力。

实际上，"整体"的概念对收藏者而言是首要的：这意味着有一个需要被填充的整体。每一个纳入藏品的物件对收藏者而言并不是随便某样物品，而是在某种层次上注定能够使收藏更加圆满，能够填充某个缺口的物品。

这里引用弗洛伊德在 1938 年写给珍妮·兰普尔·德格鲁特（Jeanne Lampl-de Groot）的一句话："必须要说的是，一套再也无物可加的藏品准确来说已经死去！"一个将死之人（他于 1939 年去世）口中说出的这样一句令人震惊的话为我们揭示了一个重要信息：与大众观点相反，他认为由一堆没有生命的物品组成的收藏是有生命的，因为这是一个活着的整体，会不断地有很多物件加入（购买，受赠）和离开（卖出或者像弗洛伊德大多数时候那样交换出去或是当作礼物送出去）。而收藏者的存在感便基于他创造了一个活的世界。

不过，在我看来，有两种方式让一套藏品活起来：通过"归属"或"包含"。

以"包含"为特征的收藏，其选择标准在于构成整体的物件都存在一个共同点，这个共同点可以是一个美学特质，也可以是物品本身的其他品质。

这个共同点可以是一种功能：所有的雪茄环标，所有的开瓶器，所有的螺旋拔塞器，所有的火柴盒，所有的中国邮票，等等。

也可以是一个表象：所有含有猫、兔子或是大象等图案的物品，例如一幅绘有猫咪的油画无论品质好坏都可以加入藏品。

不难想象，这类收藏的美学在于它的布局，即整体效应。收藏者会避免选择一个过于局限的主题，以免收藏有完结的风险，因为收藏一旦完成，便不再是收藏了，而变成了死去的物品。

相反，基于"归属"的收藏是在一系列物品中选择它们是否有资格被纳入藏品。因此，现代绘画、原始艺术或是考古发现的收藏者探访卖家、观看藏品、参加拍卖会去寻找那些可以被纳入其小世界的卓越的物品。

这类收藏的乐趣在于其藏品的多样性，在于每件藏品的"个性"。这种情况下，整体的品质极大地取决于每件物品的质量。它们以一种互补的形式，在某种程度上相互依赖，就像在一个"家庭"中一样。因此，弗洛伊德才会在这个小世界中感觉"像在家中一般随意"。而"家庭（famille）"与"像在家中一般随意（familiarité）"这两个由同一个词根演变出来的词的出现绝非偶然。

弗洛伊德的收藏癖好并不仅仅是为了打发时间。这是一种激情，而这种激情帮助他在一个充满敌意的世界找到存在感。他难道不是如此情系收藏以至于要求死后将其骨灰置于他收藏的一个希腊古瓮里吗？

收藏成癖，是在填充空虚的存在感。

有收藏癖的人很多，其中一些人达到了超出常理的地步。优秀的俄国作家果戈理在其名著《死魂灵》里描述了一个奇特的地主——泼留希金。他算是收藏癖的极端典型。

泼留希金拥有一个大庄园，一辈子吃不尽用不完，但他仍感不足，仍然四处捡拾东西。"他每天仍然要在村子里转悠，眼睛不断地瞄着路边桥下，不管看到什么——旧鞋底也好，娘儿们的破布也好，瓦片也好，铁钉也好，他都要拿回家去。"农民一看到泼留希金走出家门，就会说："清道夫又出来扫大街啦!"泼留希金拥有的东西不少，但都舍不得用，干放着直至变成废物，但他依旧贪婪得像饿狼一样，四处搜寻目标。几乎所有的东西，都只是存放着，并不物尽其用。"干草和粮食烂了，庄稼垛和草垛变成了纯粹的粪堆，能在上面种白菜；地窖里的面粉硬得像石头，必须用斧子砍才能砍动；粗麻布、呢绒和家织品呢，碰也不敢碰——一碰就成灰。"但他却吝啬到大冬天让所有进屋的仆人共用一双靴子，在室外他们只能光着脚；同时又舍不得给仆人们食物，庄园里的农奴们更是大批大批地饿死。不仅如此，他对自己也是同样吝啬，虽然实际上很富裕，但他穿得像个乞丐，过着几乎吃糠咽菜的生活。

在现实生活中，我们都见过类似的人。收藏，但并不使用，反而影响了正常该有的欲求，这是为什么呢？因为他一定有更迫切的欲求需要被满足，更大的焦虑需要被消解——从根本上说，没有比存在感更迫切的需求，也没有比失去存在感更深的焦虑。泼留希金——以及其他各种程度的收藏癖者——是在用"物品"构建自己的领地，显示自己的存在。这同时也意味着，其精神世界里堪当支撑、填充作用的要素严重不足。"精神空虚"是根本原因，另求精神依托是唯一的解脱之道。

"自我存在"是不可能的。

自伤、自残、沉迷毒品、疯狂地寻找激情、犯罪等所有凸显自身存在感的行为，其结果都适得其反——存在感愈发薄弱了。这一现象的根本原因，是由于失去了对社会的兴趣，无法从他人那里获得安全感、归属感，无法获得活着的意义。

这类问题的出现,根源在于个人。这类人在解决友情、性、工作问题时,不擅长甚至反对与他人合作。他们只关注自己,觉得自己目标的达成不会给其余任何人带来任何好处,同样的,其他人的成功对自己也没什么好处。成功和满足对他们来说只属于个人,只要自己觉得志得意满就足够了。他们在其余人眼中无足轻重,只有在他们自己眼中才是重要的。

事实上,一个人只有跟其他人建立关联,生活才会产生真正的意义,不至于时而陷入空虚和迷茫,即丧失存在感。个体眼中的所谓意义只是种想象,不能带来真正的温暖,无法为人生提供真正的营养。我们的一切行为和部分目标也是一样,只存在一种意义,就是对其他人和社会的意义。很多人都走错了路,一心想把自己变成重要的人,却不知道一定要为其他人的生活做贡献,才能实现该目标。

CHAPTER SIX
"抑郁"：无力的愤怒　第六章

所有社会，无论处于何种地理位置、哪个历史时期，
都会为屈辱、不公正或是暴力情况而造成的绝望感提供出
路，将其转变为法律认可的、被标记的、平常化了的疾病，
简言之，就是将其转变成社会的一种例外现象。

我们今天所说的"抑郁"就是一种对绝望感的描述，
它的表现在于看不到未来，再也感觉不到我们存在的目的。

导致这种感觉的原因多种多样，即便不见得能够被立
即感知，却也一直存在着。这种感觉既不是天上掉下来的，
也不是基因遗传的。这绝对是人世间的事。它是我们对存
在感的依托产生根本质疑的结果，而这种质疑总会给社会
带来问题。为了不让它留下污点，社会为那些提出或可能

提出太多问题的人在一定的反常性范围内提供了一种关闭
这种感觉的消毒式的方法，这是一种使其正常的方式，或
者说是一种社会可以接受的精神不正常。

　　帕斯卡尔·基尼亚尔精妙地概括了那些使承受痛苦
的人们闭嘴的社会尝试："凯利乌斯（Caelius）称厌世
（taedium vitae）是一种意志消沉（maestitudo）。塞内卡
（Sénèque）认为厌世，即人类的疾病，源自于他们知晓
肉体包含在两种卑劣的局限之中——生命源头的交媾与
生命消亡的腐烂。忧郁症——忧愁（tristitia）被译作精神
忧郁症（melagcholia）——往往伴随着憎恶与痛恨。福波
斯（Phobos）象征忧郁症（惊恐意味着对生活的厌恶）。
古罗马语中忧愁（tristitia）的概念涵盖了多层含义：苦
恼（desthumié）、恶心（nausea）、黑夜的诱惑，隐世
（anachorisis）、淹没在无谓的恐惧之中，以及讨厌性交。
卢克莱修（Lucrèce）将这些症状归入五大类别：忧虑、
伤心、担忧、遗忘和悔恨，并将其特征归纳为预测死亡、

嗜眠症和死亡之病。"[1] 只有教会不曾承认这类标签的治疗层面的含义。圣托马斯·阿奎那(saint Thomas d'Aquin)说过:"绝望是一种罪。……这是灵魂的消亡;绝望,就是堕入地狱。……绝望的原因有两种,淫乱和懒惰。"[2] 在更近代的时期我们则可以找到神经衰弱、忧郁、消沉以及"抑郁"等词。

因此,"抑郁"是一种社会例外,涉及我们对存在感的质疑,在令人不满的、有威胁的、有时令人心碎的环境中,我们的尊严遭到嘲讽、受到伤害,或者只是简单地不被认可。

对于种族精神分析家乔治·德弗罗(Georges Devereux)而言,这种感觉是身处不正常环境的主体对环境

---

① 帕斯卡尔·基尼亚尔(Pascal Quignard),《性与恐惧》(Le Sexe et l'Effroi),巴黎,伽利玛出版社,Folio 系列丛书,1993 年,第 243 页。

② 弗雷德里克·勒布雷通神甫(Abbé F. Lebreton),《圣托马斯·阿奎那的神学简论》(Petite somme théologique de saint Thomas d'Aquin),巴黎,Gaume&Duprey 出版社,1862 年。

不适应的正常反应。按照他的说法，抑郁者是一个正常的不适应者。这些假设并没有否认处于绝望状态中的人可能感受到的痛苦。恰恰相反，它们是在提醒人们再也没有比这种痛苦更具人性的了。

绝望的反义词，并不是一种假定"正常"的状态，而是愤怒。另外，这里有必要重新引用18世纪的一个句式表达："他满腔怒火。（Il a la rage dans le cœur.）"这句话揭示了所有遭受不公、羞辱或遗弃的受害者们所体会到的情绪。

但是，社会显然不会容许私人的复仇行为或是引发骚乱的因素。这也是法律和法庭存在的理由。在遇到违反法律规定的欺诈案件时，我们会将它交由司法审判。但是，很多不公正的行为并不在审判范围内。

近日关于离婚的立法问题便体现了这一点，新的立法试图极力削弱对过错者，甚至对造成婚姻关系破裂的始作俑者的追究，试图使离异普及化。

人们不再希望过错离婚最终会导致自认为是受害者的一方陷入巨大的悲痛之中，并希望受害者的身份得到认可。于是，某位被丈夫羞辱、欺骗和嘲讽的病人渐渐地被其周边亲近的人和医生劝服，开始认为她那无力的愤怒、她的忧伤，甚至她的绝望都是因为一种"抑郁"，因此必须接受治疗。

结果便是，她将自己封闭在一种被动攻击的状态下，不论医生们如何努力，都无法将她拉出那个她将自己封闭起来的绝望状态。

还有一个例子，有一位女士也像这样将自己无力愤怒的情绪内化到她的"疾病"上。数年来，这位病人因为"抑郁"反复住院。她接受药物治疗已经十五年了。而且，她还尝试过多种心理疗法，但未见显著效果。

由于她的行为令人迷惑，治疗又屡屡失败，于是同事建议她找我咨询。我决定让她和她丈夫一起前来，希望这种形式会比个人跟踪治疗带来更多信息，毕竟个人治疗一直未有成效。他们的形象对比鲜明：先生衣冠楚楚，无可指摘，优雅而考究，而女士则形同女仆，头发油腻，穿着古怪，没有化妆。

她一上来就开始自责，坦白自己是造成这种状况唯一的罪魁祸首。她说："一切都是我的错，我一无是处，我相貌丑陋，我生病了。"她大声叫嚷着对丈夫的依恋，说她需要他，尽管这更像孩子对父母的依赖。丈夫想要的是更多的性生活，但是被她拒绝了。在治疗过程中，先生猝不及防地当场宣布离开妻子的决定。

于是，在接下来的治疗中便只剩下她和我两个人。她

看起来十分沮丧，继续指责自己。我提醒她注意似乎她在
用尽一切可能的办法远离她的丈夫！这个意见引起了她的
暴怒以及一连串疯狂的否认。她说，她绝没有这样想过！
这一切不过是因为她病了。

我补充说："或许你有充分的理由去怨恨他，并且这
个原因由来已久。"这个假设似乎让她产生了反应。一直
以来，她的故事都是围绕下面这个事实讲述的，即他们夫
妻之间只要出现任何问题都归咎于她的精神状态，都是她
的错才让她的丈夫有了一个生病的妻子。

渐渐地，另一段情节浮现出来。概括说来就是，这对
夫妇的结合主要是因为他们属于同一个阶层，联姻符合
两个家族的利益，并且男方觉得她有趣且有教养。她曾
经有一个青梅竹马的恋人。为了联姻她放弃了那段感情。
至于她的丈夫，在结婚数月之后她才发现，丈夫有一个
相爱多年的恋人。更令人吃惊的是，那个恋人的名字竟

与她相同，唯一不同的是出身配不上她丈夫的家世。婚后不久，丈夫便与这个女人恢复了联系，但仍与她维持着表面的婚姻，假装有一个完美的家庭。

　　病人是在生下第一个孩子时发现这个情况的。她向父亲坦白了一切。然而，她父亲非但没有支持她，反而教育她既然已经选择了自己的命运，剩下的便只有承受。于是，她抑制住怒火和沮丧，勉强度过数年，直到有一刻她"无缘无故"地抑郁了……就这样，这个家庭以她的"病"为代价又维持了数年的和睦。

　　同样的情况也发生在一些遭到无故辞退的受害者身上。辞退时的经济补偿并不足以弥补他们受伤的尊严。在这些情况下，"抑郁"便成为愤怒和沮丧的避难所。

　　如果按照我的假设，抑郁行为可以被看作一种罢工的方式。哲学家让－皮埃尔·杜佩（Jean-Pierre Dupuy）也持同样的观点："我们知道医疗诊所里塞满了'罢工者'。
我想说的必然不是工作上的罢工者。而是法律不曾预见的
其他罢工。是对丈夫、情人、父亲、儿子、老师或学生、
负责人等角色的罢工，而这正是疾病这种社会事实所准许
的。所有厌世的问题，无论出于怎样的原因或本质（糟糕
的同事关系或夫妻关系、孩子的教育落后等）都能被诠释
为向医疗机构寻求帮助……这是为社会所认可的。疾病是
一种可以被原谅的异常行为，但前提是表现出机体紊乱，
其病因不能归咎于病人，另外也不能归咎于社会……这是
个人外部的、跟他与社会之间关系不相干的一个实体偶然
出现干扰了他的生命机能。这种厌世的表现构成了医生与
病人之间的契约，并促使他们建立关系。

"因此，医疗泛滥产生一种效应，或者说功效：越来
越多的人开始相信，如果生病了，便是因为身体某个机能
失常，而不是他们拒绝适应某种艰难的、有时甚至难以容
忍的环境或生活条件而产生的反应……这种对厌世问题的

医疗化普及既是丧失自主性的表现，同时又是丧失自主性的原因：这些人再也不需要或者再也不想在他们的关系网中解决他们的问题了。他们拒绝的能力变弱，放弃社会抗争变得更容易。医学成为导致疾病的社会托词。"①

医生的作用在于为疏导愤怒提供可能。医学论断打消了那些可能导致家庭不睦、夫妻关系破裂及制度稳定的质疑与思考。

需要强调的是受害者们很少谈及他们"抑郁"的原因，因此这也不能全怪医生。绝不要低估罪恶感、耻辱、害怕无人聆听或不被相信等因素带来的压力。不要忘了，就像克里斯蒂娜·安戈（Christine Angot）所写的："对于受害者，我们可怜他们，但并不爱他们。"②此外，造

---

① 让-皮埃尔·杜佩（Jean-Pierre Dupuy），《关于被照亮的悲观论：当不可能确凿无疑的时候》（*Pour un catastrophisme éclairé. Quand l'impossible est certain*），巴黎，瑟伊出版社，2002 年。

② 克里斯蒂娜·安戈（Christine Angot），《非常关系》（*L'Inceste*），巴黎，Stock 出版社，1999 年。

成这些"抑郁"状态的原因有时会被无意识压抑或彻底
忘记，但其造成的影响却依然存在。要想病人能够重新
建立起与这些合理的愤怒的情感联系，需要在互相信任
的氛围中重建灾难场景，而这是一项需要耐心的工作。

选择"抑郁"来让自己在艰难的情况下存在下去可能
使人异化。实际上，进入这种状态很容易。相反的，要想
脱离这种状态却很难。医学很容易让病人受制于辅助手段，
只需让他们依赖上处方药物或是在无休止的治疗中建立理
想化关系。

此外，医学还尤其提供了一种替代身份。在医学话语中，
你是一个抑郁者，属于抑郁者这个类群。自此，你有了一
种特别的归属，更何况他们还试图劝你相信归属这个类群
是由你的生物特性决定的！但是，这样做会产生一些后果，
且哲学家德日进（Pierre Teilhard de Chardin）提醒我们，这
些后果绝非无足轻重。他说："（生物学）倾向于向活着

的人传达一种消极的想法，即他对身体所经历的转变是没有责任的，也无力改变。"①

抑郁诊断的理论基础薄弱，甚至连诊断类别的提出者都对将类似"抑郁"等疾病进行独立分类表达了怀疑。

心理学家罗伯特·肯德尔（Robert Kendell）和阿桑·贾布伦斯基（Assen Jablensky）在2003年的一篇文章中写道："没有证据可以证明目前大多数的精神病的诊断是有效的，因为做出诊断所依赖的症候群的合理界限仍有待考证。"在文章后面，他们又标注道："（心理）疾病是从身体疾病那里借来的一个术语，然而，对于身体疾病，我们可以明确地找到病因，而在心理分析层面，疾病不过是一个模糊的概念，其效用主要在于让产生它的人们产生一种宽慰的幻想，即使大家都知道这意味着什么。"他们又写道："当

---

① 德日进（Pierre Teilhard de Chardin），《人的现象》（Le phénomène humain）（1955年），巴黎，瑟伊出版社，Points丛书，2007年。

一个行业或一个社会将某个现象命名为疾病时，它就变成
了疾病。"甚至连这个分类系统的创始者们都在提醒临床
医生它有很不完善的一面："没有证据证明精神疾病的每
一个分类都是一个独立实体，它与其他疾病类别甚至是与
正常精神状态之间也不存在清晰的界线。"①

　　法国伟大的遗传学家阿尔诺德·谬尼奇（Arnold
Munnich）补充说："并不存在，也绝不会有同性恋基因、
暴力基因、精神分裂症基因、自闭症基因……人并不能被
简化成他的基因序列，幸运的是，我们远没有被自己的基
因所限定。"②

　　尽管"科学"的论据仍显薄弱，但心理学家已然成为

①　DSM-IV（第22页），摘自斯图尔特·柯克（Stuart Kirk）和埃布·库
哈钦斯（Herb Kutchins），《你喜欢 DSM 吗？美国精神病学的胜利》
（Aimez-vous le DSM? Le triomphe de la psychiatrie américaine），巴黎，
Les empêcheurs de penser en rond 出版社，1998 年。
②　阿尔诺德·谬尼奇（Arnold Munnich），《希望的愤怒》（La
Rage d'espérer），巴黎，普隆出版社，1999 年，第 121 頁。

将狂怒、反抗、愤慨转化为疾病的机器。[①] 因为这不仅有利于社会、家庭或者夫妻关系，同时也会使一些医药企业从中获利，使它们开辟新市场、增值，甚至还特意为那些抵触被诊断为抑郁症的人发明了"隐匿性抑郁症"的说法……如此一来，药企便使得一些临床医生不再关心病人使用"抑郁"的语言来表达精神痛苦的原因。

---

① 详见克里斯托弗·里恩（Christopher Lane），《精神病学与医药行业是如何将我们的情绪医疗化的》（*Comment la psychiatrie et l'industrie pharmaceutique ont médicalisé nos émotions*），巴黎，弗拉马里翁出版社，2009 年。

重回人世："仁慈的好奇心"

伤心的、受辱的、受创的、遭奸污的、被误解的、受
到不公待遇的、遭受不幸或损失的、羞愧的、有罪恶感的、
以及存在感缺失的，大家统统都请进！伤心的人们请进来，
出去——你们就是"抑郁者"！

如今众多医疗诊所门楣上挂的标语就该这样写。将生
活中的受害者变成"病人"似乎很容易。然而，其后果却
不容小觑。

如果说导致我"抑郁"的原因是基因缺陷或生物学因素，
那么我为何还要去反抗，为什么还要去抗争呢？我所能做
的只剩下接受我的命运，然后被动地吞下我的状态要求我
服用的小药丸。

许多被认为是疾病的行为其实只是对某个异常环境或某件造成严重伤害的事件的正常反应，只不过这些原因没有被看到，但是原因的隐蔽却丝毫没有减轻痛苦。它触及忍受煎熬的人们的尊严，进而造成伤害。

医学将主体们置于被动状态，要想摆脱这种状态绝非易事。因此有必要标注可能造成危险的医疗行为。

在诊治"抑郁"病人时，我们主要会犯三种错误。第一种错误在于我们希望让病人重新表现出同等的幽默感，但是考虑到他所遭受的痛苦，他其实更应该发泄怒火。我就曾经倾尽一切办法让一名自杀患者生气，以便让他将转向自己的怒火以其他的方式表达出来。

第二种错误更为严重，表现为最经常被建议的治疗方式往往是针对病人身体的，也就是针对病人生命的、生物学层面的药物治疗，然而实际上，他们的问题是有关存在感的问题。

最糟糕的情况在于相信"抑郁"是由基因序列导致的，是无法挽回的命运。这个见解会让临床医生产生越权的行为，认为这是无法治愈的，认为问题在于病人父母的基因已经编程好了病人的命运！

米歇尔·福柯（Michel Foucault）曾反驳过这种诡辩："精神病学通过将行为偏差与一种既是遗传性的又是决定性的状态直接联系起来，赋予自己不再试图治愈问题的权力。"[①] 于是，一些病人被告知他们抑郁的状态源自于一种基因缺陷，必须在余生都服用"抗抑郁"的药物。如此一来，医生便自诩是命运的主宰！

第三种错误在于用一种简化的研究方法将疑似的病人

---

① 米歇尔·福柯（Michel Foucault），《法兰西学院演讲系列，1974-1975：不正常的人》（Les Anormaux. Cours au Collège de France, 1974-1975），巴黎，伽利玛 / 瑟伊出版社，1999 年。

标签化。心理医生在为病人进行诊断时，是根据自己的理解寻找常态与病态之间的区别。通过这种方式，他单独划分出一类人群，即需要他着手治疗的"病人"。

在我看来，当一名心理医生做出诊断时，似乎更多的是基于他自己建构世界的方式而不是基于病人本身。"诊断是最普遍的疾病之一。"①卡尔·克劳斯在上世纪初说道。而站在病人的立场上，一个人因被诊断为"抑郁症"而被排除在"正常"世界之外是怎样痛苦和异化的一件事情！

人类学家克劳德·列维－斯特劳斯写道："弗洛伊德关于沙可（Charcot）对歇斯底里症发现的评论，首先是想让我们明白精神病态与健康状态之间不存在本质上的区别；最多不过是一种状态到另一种状态在一些事情的进展上发生了一点改变，而对于这种改变每个人都可以有自

①　卡尔·克劳斯（Karl Kraus），《格言：箴言与辩驳（1909）》〔*Aphorismes. Dits et contre-dits*（1909）〕，巴黎，海岸出版社，2011 年。

己的解读。

　　"因此，病人是我们的同胞，因为他与我们并无分别，除了一种基本上属于所有个体在存在发展上的退化，这种退化并不触及本质，形式也无关紧要，它的定义具有任意性，有时只持续短暂的一段时间。人们更愿意（并且一向如此！）将精神病人看作一个罕见的、特殊的异类，认为问题是由外部或内部的一些诸如酗酒、痴呆、遗传等客观因素所必然导致的。"①

　　其实，可以用另一种方式解读这个问题，即认为大多数"抑郁者"是一些经历着或曾经经历过非常事件的正常人。"抑郁者"首先是我们的同胞：不存在提前设定好的命运。情势所致，当存在感的依托遭到质疑时，每个人都可能产生抑郁情绪。

----

　　① 克劳德·列维－斯特劳斯（Claude Lévi-Strauss），《今日图腾制度》（Le Totémisme aujourd' hui），巴黎，法国大学出版社，1962 年。

　　我建议引进一种新的治疗观念，仿照弗洛伊德"仁慈的中立（neutralité bienveillante）"的概念，我将它称之为"仁慈的好奇心（curiosité bienveillante）"。这种观念首先要求我们不要故步自封在一些盲目的陈词滥调中，如生搬硬套下诊断，因为至少我们都知道诊断是不可完全信任的。

　　这是一种考虑到存在感建构的脆弱性和偶然性的方法，要求（医生）去聆听和理解病人通过病症语言所表达的真实情况，并试图帮助他们重建尊严以便使他们重新融入人类社会中去。下面这个案例可以进一步阐释这个观点。[1]

　　这位病人曾经接受过数位经验丰富的专家的诊疗，但

---

　　① 在下面这本书中可以找到更多关于心理医生应该扮演的角色的例子。罗贝尔·诺布尔尔热（Robert Neuburger），又译罗伯特·纽伯格，《第一讲：接受（或拒绝）精神疗法的 20 个理由》（*Première séance. 20 raisons d'entreprendre (ou non) une psychothérapie*），巴黎，百约出版社，2010 年。

专家们都受困于一堆杂乱的伪科学认知, 一上来就将病人
孤立在某一个诊断类别里。

这位病人是一个 30 岁的年轻女人, 在一家银行做证券
交易人。她的专业能力很强, 强到了令人欣羡的地步, 职
业生涯零失误。

她的案例之所以会转到我这里, 是因为一段时间之前,
她辞掉了工作, 回来住到了父母家并开始闭门不出。她的
父母是一对十分朴素的退休夫妇。偶尔她也会外出, 但必
有她母亲的陪伴。很快她被诊断为抑郁症患者。医生特别
为她制订了一套以抗抑郁药剂为基础的治疗方案, 但尽管
药量不断增加, 疗效却微乎其微。后来, 医生决定让她入
院治疗。如此一来, 情况反而变得更糟: 用药剂量不断增
加以至于难以分辨这位年轻女士的痴傻状态是由抑郁造成
的, 还是由药物造成的。医生们开始谈及这可能会是一个
长期状态, 治愈的概率十分渺茫。

但自从医生认定她的情况只是一种症状而不是疾病时，情况开始明朗起来。这之间的区别十分显著。如果这是一种疾病，或者说一种机体紊乱，那么病人自己是无能为力的，只能采取药理学治疗法，或者我们今天谨慎地称之为电流麻醉的治疗方法，即电疗法。

在这位年轻女士的案例中，药理学治疗法并无明显成效。可如果说这是一种症状，情况则大不相同，因为我们就会自问，病人是想通过抑郁行为向我们表达什么。这就是仁慈的好奇心。我们必须弄清楚这个在职场中青云直上的女人到底经历了什么，以至于突然落入如此悲惨的境地，失去了存在的理由，亲手将自己埋葬。

这些症状并非天上掉下来的，也不是基因所致，基于这种信念，我们没费太多力气就弄清楚了导致这个年轻女人将自己封闭和孤立起来的灾难性事件。临床医生在取得她的信任后，与她建立了联系。

不久，我们便了解到她有一段不太寻常的情感关系。对方年纪明显很大，与其父亲年纪相仿，在同一家银行身居高位，已婚，是一个值得尊敬的父亲或祖父角色。她与这个人秘密偷情长达数年。

有一天，完全出乎她意料之外，他以年龄差距太大的借口以及其他一些无关紧要的理由，与她断绝了关系。这位年轻女士就这样崩溃了。

在我看来，第二个原因才是造成这种"抑郁"的决定性因素：她后来发现本以为是秘密的这段关系在办公室里人尽皆知。大家不仅知晓他们之间的关系，甚至还知道这个男人突然甩了她。

于是，我做出如下假设：这并不是抑郁症，而是羞耻心在作怪！这个女人羞愧欲死。她试图跳出自己的阶层，她已经成功了：在职业生涯中零失误，然而也在这个地方

失足了。羞耻感需要第三者的存在。否则，就变成了罪
恶感。

　　将这个案例转交给我的那位同事之后想起来，病人
的确向她谈过羞耻感的事情。但是，由于羞耻并没有被
列入目前的疾病诊断类别，这位同事便没能抓住该情绪
对这名年轻女士的重要性，正是羞耻导致她选择了精神
自杀。当我的同事摆脱那些遮住双目的诊断认知后，病
人感觉自己被理解和支持，情况也开始好转。

　　再看另一个案例，不幸的是这种情况如今经常发生。
一个人被公司解雇了，不是因为能力不足，而是出于局势
考量：所在公司被另一家公司收购，于是这个岗位不再
被需要，或者公司迁移到别的地方，又或者是为了取悦股
东而采取的"社会方案"。对这个人来说，这份工作不仅
意味着收入来源，而且还是一种身份支撑，并以一种重要
形式维持着他的存在感。

我们可以从中得出这样的结论，即对其职业身份和工作能力的不尊重损害了他的存在感。但如果公司组织得好，为他重新安排工作岗位，员工仍然能够在新环境中找到支持。这种情况下，我们可以确信此人的尊严受到了尊重，他有可能一个猛冲便克服曾经遭受过的创伤。

这并非难事，但是让我们想象一下，如果辞退发生在经济整体低迷的情况下，那么情况就大不相同了。这个人的不公遭遇无人关心，他的尊严遭到践踏，他所做的努力全部白费甚至被鄙视（"让我们看看能不能用得上你。"一个盎格鲁–撒克逊的招聘者如是说）。如此一来，这个人就有可能跌入另一种替换身份中去，从一个失业者变成一个"抑郁者"。确切地说，这种身份的转变恰恰是社会通过医学的途径建议他去做的。

面对这类情况，有时我会建议这些人在接受持续治疗的同时，重新找到一项给他们支点的活动，做志愿者也行，可以去"爱心餐厅"（Restaurants du cœur），可以加入扫盲项目或者其他各种能够带给他们尊严的活动，以便让他们感觉自己有用且博爱。

事实上，他们的疾病并不叫抑郁，而是耻辱！在我看来，让他们重新在群体中找到尊严比起医学治疗要更为恰当。在离职的状态下接受医治只会增加负罪感。

如果精神病学不想演变成兽类精神病学，那么其最终目的就不在于健康，而应该是尊严。它旨在修复人类的尊严，即依附于人类自身条件的自由、选择自己命运的自由、思考的自由，以及面对自我存在焦虑的自由。

以这样的观点来看，病理学既是一种对人类尊严的攻击，又是一种对避开这种攻击的尝试。因为它同时也是一种解决办法，尽管有时运作失调，但也已经很值得尊重。因为它试图解决的是有关存在感的问题，这是最复杂、最深刻体现人类本性的问题：如何在明知生命不过昙花一现的情况下建构和维持存在感呢？

让-保罗·萨特写道，人不是"泡沫，苔藓或一个花椰菜……人一开始就观照自身进行规划"①。生而为人，诚然活着，但其存在却需要他自己去建构。

---

① 让-保罗·萨特（Jean-Paul Sartre），《存在主义是一种人道主义（1946）》（*L'existentialisme est un humanisme*，1946），巴黎，伽利玛出版社，Folio 丛书，1996 年。

结语
人最私密最脆弱的情感

　　人类自古就有一种幻想，希望有一种神药能够治愈厌世、治愈对存在的焦虑。希望这种药能够让他们摆脱对自己有别于动物的本质的追问：在明知生命有限的情况下，追问其命运，追问来到这个星球的意义，追问他们的位置在哪里，他们的身份是什么，信仰是什么。弗洛伊德就曾被这种幻象所迷惑。他以为在一种叫可卡因的产品中找到了治愈的良方，认为它为他打开了寻求认可和荣耀的大门。他倒是什么事也没发生，但是他的朋友恩斯特·冯·弗雷施尔（Ernst von Fleischl）却为此付出了代价。弗洛伊德曾建议他吸食可卡因治疗抑郁症，结果他却因为吸食过量而毙命。这种古老的幻想在那些竭力推荐这种或那种"抗抑

郁药剂"的医生身上依然延续着，同样也存在于那些以为
可以借此避免深层次质疑自我的病人身上。连哲学家都未
能免俗：他们实现自我存在的方法在于提出问题，关于我
们存在感的问题，然而我们都知道这个问题是没有答案的。
宗教人士也是同样的做派，不过，他们相信这个问题有答案。

这是一个需要跨越的障碍，我们要明白生命是有限的，
存在不过是一些建构，除此之外没有别的命运。人类最基
本的异化就是他的自由。

法国著名心理学家亨利·艾（Henry Ey）曾这样说
过："焦虑是人类的一种内在本质……因为生命只存在
于我们对自己的组织建构中……因为我们受制于命运，时
刻都在它的制约下从不同的可能中做出选择……因为我们
害怕会害怕……焦虑就像在无休无止的时间深渊中所体会
的眩晕……这就是焦虑……意识到我们的本质和我们的命
运……并通过我们身体中代表我们所属物种特征的机制表

达出来，由此快乐、痛苦和恐慌便也具备了人类的特性。"①

　　生命是建构自我存在的、仅有一次的尝试，尽管有些人会失败。也正因如此，每一个人在遭受绝望的威胁时，他所经历的独特且特别的痛苦都有权被聆听。再也没有比存在感更脆弱、更私密，也更人性的情感了。

---

　　① 引用自 H. 米尼奥（H. Mignot），《精神病学演变》（*L'Evolution psychiatrique*），第四卷，第 649 页。

图书在版编目（CIP）数据

缺爱 / (法) 罗伯特·纳伯格著；赵丽莎译. —— 南
京：江苏凤凰文艺出版社，2019.11（2022.4重印）
ISBN 978-7-5594-4160-7

Ⅰ.①缺… Ⅱ.①罗… ②赵… Ⅲ.①成功心理 – 通
俗读物 Ⅳ.①B848.4-49

中国版本图书馆CIP数据核字（2019）第235334号

著作权合同登记号：10-2017-464

Exister. Le plus intime et fragile des sentiments
Copyright：© 2012, 2014, Editions Payot & Rivages
Simplified Edition arranged through Dakai Agency Limited

缺爱

［法］罗伯特·纳伯格 (Robert Neuburger) 著　赵丽莎　译

责任编辑　王　青
装帧设计　仙　境
出版发行　江苏凤凰文艺出版社
　　　　　南京市中央路 165 号，邮编：210009
网　　址　http://www.jswenyi.com
印　　刷　唐山富达印务有限公司
开　　本　880 毫米 ×1230 毫米　1/32
印　　张　6.5
字　　数　85 千字
版　　次　2019 年 11 月第 1 版
印　　次　2022 年 4 月第 13 次印刷
书　　号　ISBN 978-7-5594-4160-7
定　　价　42.00 元

江苏凤凰文艺版图书凡印刷、装订错误，可向出版社调换，联系电话025-83280257